生态保护补偿[illegible]

孙芳芳　周　超　主编

科 学 出 版 社
北　京

内 容 简 介

本书共分 7 章，系统论述了国内外生态保护补偿研究进展及实践、生态保护补偿深圳市背景研究，以及深圳市多元化生态保护补偿模式研究、绩效评估体系研究、考核制度研究、实施保障机制等内容。本书以深圳市这个经济高度发达的地区为背景，借鉴国内外生态保护补偿最新理论研究成果和实践经验，分析了在深圳市开展多元化生态保护补偿的必要性，提出了多元化生态保护补偿的模式、绩效评估、结果考核等一套有效的闭环理论体系，既展示了作者团队在多元化生态保护补偿方面的最新研究成果，以便读者更加清楚、全面地了解生态保护补偿模式，又可为建立生态保护补偿监督考核体系提供技术支撑。

本书可供自然资源资产管理相关的政府部门、企事业单位、科研院所和高等院校，以及从事生态资源研究、自然资源资产管理、生态经济研究等工作的管理人员和研究人员阅读使用。

图书在版编目（CIP）数据

生态保护补偿模式/孙芳芳，周超主编. —北京：科学出版社，2022.6
ISBN 978-7-03-072217-1

Ⅰ. ①生… Ⅱ. ①孙… ②周… Ⅲ. ①生态环境–补偿机制–研究–深圳 Ⅳ. ① X321.265.3

中国版本图书馆 CIP 数据核字（2022）第 077309 号

责任编辑：朱 瑾 习慧丽 / 责任校对：郝甜甜
责任印制：吴兆东 / 封面设计：刘新新

科 学 出 版 社 出版
北京东黄城根北街 16 号
邮政编码：100717
http://www.sciencep.com
北京捷迅佳彩印刷有限公司 印刷
科学出版社发行 各地新华书店经销

*

2022 年 6 月第 一 版 开本：720×1000 1/16
2023 年 1 月第二次印刷 印张：8 1/2
字数：172 000

定价：139.00 元
（如有印装质量问题，我社负责调换）

《生态保护补偿模式》
编委会

主　编：孙芳芳　周　超

编　委：王璟睿　陈　龙　张　燚
　　　　陈　礼　刘秀梅　郑浩鑫

前　言

2018年12月，国家发展改革委、财政部、自然资源部等九部门联合印发《建立市场化、多元化生态保护补偿机制行动计划》，明确了生态保护补偿推进时间表和路线图，并提出健全资源开发补偿制度、优化排污权配置、完善水权配置、健全碳排放权抵消机制、发展生态产业、完善绿色标识、推广绿色采购、发展绿色金融、建立绿色利益分享机制九大重点任务。由此可见，国家高度重视生态保护补偿机制建设。自20世纪末期以来，我国已经在森林、草原、流域等领域开展了生态补偿试点，取得了一定的成效，但在实践过程中发现的问题也很多，补偿主体、客体不明确，造成利益关系脱节；补偿方式单一，标准偏低，影响了生态保护者的积极性；补偿资金使用不规范，缺乏有效监督考核体系，制约了补偿效果。当前，我国生态保护补偿理论体系尚不健全，尤其是市场化、多元化生态保护补偿理论研究不足，亟待针对生态保护补偿开展从补偿模式、绩效评估到结果考核整套体系的研究。

根据中央和广东省有关精神，近年来深圳市在大力实施生态保护建设工程的同时，积极开展生态保护补偿研究，开展了包括大鹏半岛、深圳水库等地区的生态保护补偿实践。根据前期理论研究和实践经验总结，为进一步完善生态保护补偿机制体制，从倡导以基础设施建设和社会福利补偿为主要补偿方式逐步代替资金补偿的角度出发，以促进生态补偿方式多元化、提升补偿资金使用高效性及保障补偿机制长效性为目的，构建政府转移支付与市场化补偿相结合的生态保护补偿模式，探索一条在经济高度发达地区的生态保护补偿道路，力求为全国的生态保护补偿理论研究和实践应用提供“深圳模板”。

本书在充分借鉴国内外生态保护补偿研究理论成果和实践经验的基础上，针对当前生态保护补偿存在的问题，尤其是在经济发达地区生态保护补偿边际效应偏低的情况下，搭建了一套包含生态保护补偿模式、绩效评估、结果考核的生态保护补偿体系，可为全国的生态保护补偿工作提供思路与借鉴。全书共7章。第1章主要介绍研究背景、研究目的及技术路线等。第2章介绍生态保护补偿概念、基础理论和国内外研究及实践。第3章介绍深圳市重要生态功能区的基本情况、实践案例和开展多元化生态保护补偿的必要性。第4章介绍深圳市多元化生态保护补偿依据、补偿主客体、补偿标准，并提出了补偿方案设计。第5章、第6章分别从生态保护补偿绩效评估体系和考核制度两个方面，提出了生态保护补偿监督考核的实施方法和路径。第 7 章介绍实施多元化生态保护补偿的保障机制，确保生态保护补偿能够落地应用。

由于国内外对市场化、多元化生态保护补偿模式研究尚未形成统一、规范的体系，本书在研究内容、模型构建、指标选取等方面难免存在不足之处。恳切希望广大读者能多加批评指正，以鞭策编写团队在后续研究中更改完善。

编　者

2022 年 5 月

目　　录

第1章

绪　论

1.1　研究背景

2005年，党的十六届五中全会首次提出，要按照“谁开发谁保护、谁受益谁补偿”的原则，加快建立生态补偿机制。2007年，国家环境保护总局下发《关于开展生态补偿试点工作的指导意见》，推进开展生态补偿试点工作。党的十八大和十八届三中全会明确要求，建立反映市场供求和资源稀缺程度、体现生态价值和代际补偿的资源有偿使用制度和生态补偿制度。2016年，国务院办公厅印发《关于健全生态保护补偿机制的意见》，要求探索建立多元化生态保护补偿机制，到2020年实现森林、草原、湿地、荒漠、海洋、水流、耕地等重点领域和禁止开发区域、重点生态功能区等重要区域生态保护补偿全覆盖。2017年，中共中央办公厅、国务院办公厅印发《关于划定并严守生态保护红线的若干意见》，明确提出要加快健全生态保护补偿制度，完善国家重点生态功能区转移支付政策，推动生态保护红线所在地区和受益地区探索建立横向生态保护补偿机制，共同分担生态保护任务。党的十九大报告将“建立市场化、多元化生态补偿机制”列为“加快生态文明体制改革，建设美丽中国”的内容之一。2018年，国家发展改革委、财政部、自然资源部等九部门联合印发《建立市场化、多元化生态保护补偿机制行动计划》，明确了生态保护补偿推进时间表和路线图，并提出健全资源开发补偿制度、优化排污权配置、完善水权配置、健全碳排放权抵消机制、发展生态产业、完善绿色标识、推广绿色采购、发展绿色金融、建立绿色利益分享机制等九大任务。2020年11月，国家发展改革委起草《生态保护补偿条例（公开征求意见稿）》并向社会公开征求意见，为引导生态受益者履行补偿义务，构建生态保护者和受益者良性互动关系，推动经济社会可持续发展提供法律依据。2021年，中共中央办公厅、国务院办公厅印发《关于建立健全生态产品价值实现机制的意见》，要求健全生态产品保护补偿机制，完善纵向生态保护补偿制度，建立横向生态保护补偿机制。由此可见，党中央、国务院高度重视生态保护补偿机制建设。

在开展生态保护补偿工作方面，广东省多年来以税收返还、专项补助、转移支付补助、各项预算补助等形式，不断加大财政转移支付力度。2012 年，广东省人民政府印发了《广东省生态保护补偿办法》，标志着生态补偿进入实质性操作阶段，为生态补偿实践提供了强有力的政策支撑。2016 年，广东省人民政府印发《广东省人民政府办公厅关于健全生态保护补偿机制的实施意见》，提出到 2020 年实现森林、湿地、荒漠、海洋、水流、耕地等重点领域和禁止开发区域、重点生态功能区等重要区域生态保护补偿全覆盖。2018 年，广东省委办公厅、省政府办公厅印发《〈关于划定并严守生态保护红线的实施方案〉的通知》，要求推动生态保护红线所在地区与受益地区建立横向生态保护补偿机制，共同分担生态保护任务。2019 年，广东省财政厅印发《广东省生态保护区财政补偿转移支付办法》，对中央财政下达广东省的重点生态功能区转移支付资金和省财政预算安排用于生态保护补偿的一般性转移支付资金。各县生态保护补偿转移支付资金按照各县基本财力保障需求、高质量发展综合绩效评价结果、生态环境状况指数（EI）、土地面积、人口数量进行测算。

根据中央和省委省政府有关工作部署要求，近年来深圳市在大力实施生态保护建设工程的同时，积极探索生态保护补偿机制建设。2007 年，深圳市人民政府发布了《关于大鹏半岛保护与开发综合补偿办法》，确定了大鹏半岛生态保护补偿方式和时间，由市财政对大鹏半岛居民实施两轮生态补助，直接受惠原村民约 1.7 万人。2014 年，深圳市罗湖区政府印发了《深圳水库核心区（大望、梧桐山社区）生态保护补偿办法（试行）》，明确了生态保护补偿标准、时间和对象，由街道办事处负责生态保护专项补助考核与实施，以及补助资金的发放工作。作为深圳市生态保护补偿政策的探索者，大鹏半岛和深圳水库核心区的生态保护补偿政策取得了一定的成效，但也发现了不少问题，主要表现为：补偿方式单一，补偿边际效应偏低；补偿缺乏有效监督考核体系，制约了补偿效果。

为加快推进深圳市生态保护补偿工作，针对当前生态保护补偿存在的问题，尤其是在经济发达地区生态保护补偿边际效应低的情况下，构建具有深圳特色的生态保护补偿长效机制，为深圳市乃至全国在开展生态补偿理论研究和实际应用过程中提供技术支持。

1.2 研究目的与意义

本研究通过梳理、解读国内外生态保护补偿相关理论及实践案例，基于对深圳市下辖各区生态保护补偿开展情况的调研与分析，以促进生态保护补偿方式多元化、提升补偿资金使用高效性及保障补偿机制长效性为目的，提出适合深圳市的政府转移支付与市场化补偿相结合的生态保护补偿模式，并构建相关配套机制，为提升全市生态环境质量、平衡社会发展、改善民生提供有力支撑。

同时，从研究本身来看，从多元化生态保护补偿模式构建，到生态保护补偿绩效评估，再到生态保护补偿结果考核形成了一个有效的闭环系统，可为全国尤其是经济发达地区，在开展生态保护补偿理论研究和实际应用过程中提供参考。

1.3 研究思路与技术路线

深入开展全市生态保护补偿实施调研工作，明确开展生态保护补偿的主客体、补偿方式、配套机制等，分析生态保护补偿政策实施效果。在此基础上，以生态学原理、生态环境价值论、外部性理论和公共物品理论等原理为基础，综合运用系统分析、层次分析、遥感解译等方法，充分借鉴国内外生态保护补偿的先进经验，提出适合深圳市的政府转移支付与市场化补偿相结合的生态保护补偿模式，构建相对应的绩效评估体系和考核制度，并进一步提出实施多元化生态保护补偿的保障机制，确保深圳市生态保护补偿机制高效运行。本研究技术路线见图 1-1。

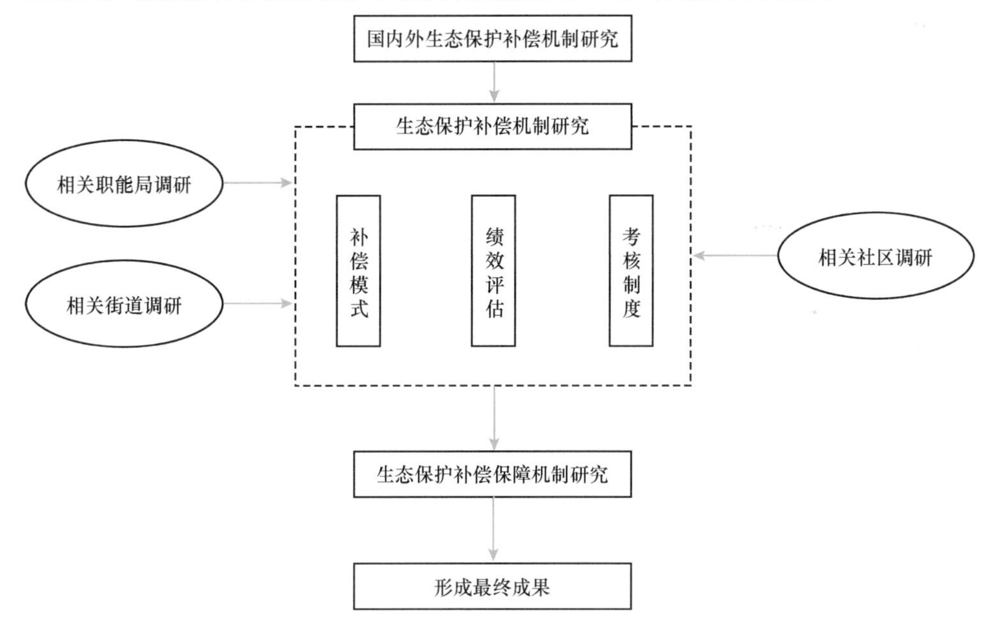

图 1-1 深圳市生态保护补偿模式研究技术路线

1.4 主要研究内容

主要研究内容包括以下六个方面。

（1）国内外生态保护补偿进展研究

系统梳理生态保护补偿的相关基础理论，明确界定生态保护补偿的概念。对国内外等生态保护补偿的相关实践案例进行梳理分析，研究其实施过程相关的政策、保障机制、考核机制、成效等，分析其成功的经验及存在的问题，重点分析生态保护补偿的长效机制、激励机制、监管机制、评估考核机制等，为深圳市生态保护补偿机制研究提供参考。

（2）开展生态保护补偿深圳市背景研究

开展深圳市重要生态功能区调研，掌握全市基本生态控制线、饮用水水源保护区、生态保护红线的分布状况，对比重要生态功能区管理模式。确定深圳市已开展生态保护补偿工作的辖区，深入调研生态保护补偿实施情况，总结实践过程中发现的问题，分析深圳市开展多元化生态保护补偿的必要性。

（3）构建深圳市多元化生态保护补偿模式

生态保护补偿模式的构建需要解决：为什么补偿、由谁补偿、补偿依据、补偿多少、如何补偿、补偿给谁等问题。目前，我国生态保护补偿实践一般采用政府补偿模式，本研究将在充分借鉴吸收国内外先进生态保护补偿模式构建经验的基础上，从倡导以基础建设与社会福利补偿为主要补偿方式逐步代替资金补偿的角度出发，以促进生态保护补偿方式多元化、提升补偿资金使用高效性及保障补偿机制长效性为目的，对深圳市生态保护补偿依据、补偿主体、补偿范围、补偿时限、补偿形势等方面进行研究，构建政府转移支付与市场化补偿相结合的生态保护补偿模式。

（4）构建深圳市生态保护补偿绩效评估体系

构建深圳市生态保护补偿绩效评估体系，使个人的生态保护成效或破坏能够得到有效体现，发挥生态补助的杠杆作用。从深圳市生态保护的不同层次目标出发，设立不同的评估指标体系，并围绕该指标体系确立各指标的建立原则和评分标准，确定绩效评估计分方式，划分绩效评估等级，进而构建深圳市生态保护补偿绩效评估体系。

（5）制定深圳市生态保护补偿考核制度

制定深圳市生态保护补偿考核制度，使个人生态补助金额与绩效考核挂钩，需要解决：由谁考核、考核什么、如何考核、考核结果怎么样和补偿挂钩等问题。该部分主要结合深圳市生态文明建设考核任务要求和生态环境保护相关工作安排等，制定深圳市生态保护补偿考核制度，确定考核机构、考核对象、考核内容、考核数据来源、考核方式、考核结果运用等方面的内容。

（6）完善深圳市多元化生态保护补偿保障措施

拟从健全组织机构、完善制度体系、强化监督管理、加强沟通协调和拓展资金来源等角度，提出配套保障措施。

1.5 主要结论

本研究在经济高度发达地区，从倡导以基础建设与社会福利补偿为主要补偿方式逐步代替资金补偿的角度出发，以促进生态补偿方式多元化、提升补偿资金使用高效性及保障补偿机制长效性为目的，构建政府转移支付与市场化补偿相结合的生态保护补偿模式。从环境保护及生态公平的角度出发，选取深圳市基本生态控制线、饮用水水源一级和二级保护区及生态保护红线面积占区域面积的比例高于全市水平（51.16%）的135个社区作为重要生态功能区生态补偿范围。

生态保护补偿采取基于信托基金的“共享型+激励性”的生态补偿策略，补偿总资金以生态系统服务价值（采用基于单位面积价值当量因子的生态系统服务价值化方法，基于生态资源测算数据，经过本地化调整，测算生态保护补偿范围内社区的生态系统服务价值）作为上限，以生态保护成本（生态保护的直接投入+生态保护者的机会成本）作为下限，预估重要生态功能区生态补偿的理论总资金范围，并给出基于生态系统生产总值（GEP）和国内生产总值（GDP）双重考量的中间建议值——289 020万元。“共享型”生态补偿中，补偿对象为135个社区的原村民，补偿内容为以社会福利为主、资金补偿为辅。“激励性”生态补偿分为不兼容用地清退补偿及生态币激励补偿两种。其中，不兼容用地清退补偿的补偿对象为重要生态功能区内开展建筑清退及生态恢复活动（具体包含：外部场地置换、屋顶绿化、建筑拆除复绿）的原村民。补偿金额以单位面积生态系统服务价值18元/m^2为标准，按照分区类别系数、房屋改造环境恢复提升系数、激励系数、单位面积生态系统服务价值、影响面积5个指标共同计算补偿金额。生态币激励补偿的补偿对象为个人、家庭、社区、企业，以生态币激发公众生态文明获得感，通过核定可以进行生态币发放的生态文明行为，定期统计生态币的发放及兑换，达到全民参与生态文明建设的目的。

为优化生态补偿资金的使用，在提高生态补偿效率的同时，激励补偿对象提高生态保护成效，本研究提出了使区政府、社区和个人生态保护成效或破坏与生态补偿金挂钩的绩效评估体系和考核制度，并对考核内容、考核方法、补偿资金分配作出了详细规定。除此之外，本研究还分析了建立生态补偿机制带来辖区经济社会协调发展的机遇，同时提出了生态补偿实施过程中建议开展的保障措施，以确保生态补偿工作顺利实施。

基于以上研究结果，本研究建议建立政府主导与市场参与相结合的深圳市生态保护补偿机制，由深圳市政府统筹建立生态补偿信托基金，由市财政进行生态补偿资金筹集。生态补偿考核由全市生态文明建设考核领导小组办公室统筹实施，市财政和信托公司分别做好年度大型市政环保设施生态补偿金额预算和重要生态功能区生态补偿金额预算，待考核结果公示后一次性发放。

第 2 章

国内外生态保护补偿研究进展及实践

2.1 概念界定

2.1.1 生态保护补偿

关于生态保护补偿的定义，存在着不同角度的探讨，在此归纳为两种观点：一种观点认为生态保护补偿指经自然生态系统缓冲与补偿社会、经济活动造成的环境破坏；另一种观点将生态保护补偿确认为生态保护的经济调控手段，对损害环境的行为征收费用，提高该行为成本，减少此行为带来的外部不经济性，达到保护自然资源的目的。通过对定义的理解，不难看出生态保护补偿除了在控制生态破坏的层面发挥作用，其内容还蕴涵了补偿与恢复因使用生态资源而导致的生态功能的丧失。总结来说，生态保护补偿是以保护生态环境、促进人与自然和谐发展为目的，根据生态保护成本、生态系统服务价值、发展机会成本，综合运用行政和市场手段，调整生态环境保护和建设相关者之间利益关系的环境经济政策。

2.1.2 生态保护补偿机制

生态保护补偿机制是生态保护补偿理念及政策的具体运用及实践操作的设计层面，一般包括补偿主体、补偿客体、补偿标准、补偿实施（补偿方式与途径）及补偿制度保障（补偿监管与约束）（图 2-1）。生态保护补偿机制是生态保护补偿的具体化与制度化。所谓生态保护补偿机制，就是生态保护补偿各组成要素之间相互影响、相互作用的规律及它们之间的协调关系，通过一定的运行方式和途径，把各构成要素有机地联系在一起，以达到生态保护补偿顺利实施的目的。因此，生态保护补偿机制是调整相关主体的环境及其经济利益的分配关系，内化相关活动的外部成本，恢复、维护和改善生态系统功能的一种制度安排。生态保护补偿机制从不同的角度可以进行多种分类。当需要补偿的环境或资源具有跨区域性质，补偿主体和客体分属两个区域时，就需要探讨区域生态保护补偿的问题，通过调节不同区域之间生态、环境和经济利益的不平衡，从而达到保护生态系统服务功能、促进区域协调发展的目的。

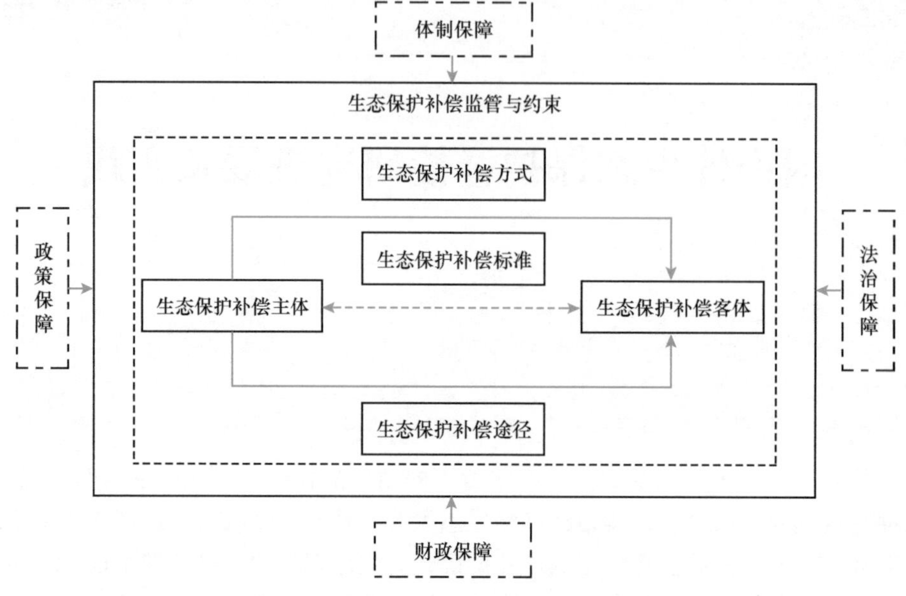

图 2-1　生态保护补偿机制体系结构示意图

2.2　基础理论

2.2.1　公共物品理论

严格意义上“公共物品”的定义是由新古典经济学家保罗·萨缪尔森提出的，他认为公共物品是指“不论个人是否愿意消费，都能使所有社会成员获益的物品”；与之相反，“私人物品”是指“可以分割并供不同人消费，并且对他人不存在外部受益或成本的物品”。使用的“非排他性”和“非竞争性”是公共物品的两个重要特点，非排他性是指很难将任何人排除在公共物品的利益之外，非竞争性是指一个人的消费并不会阻止其他人对公共物品的消费。同时具有非排他性和非竞争性的物品被称为“纯公共物品”，但是现实中许多物品都是介于纯公共物品和私人物品之间的“准公共物品”。有学者将“准公共物品”分为不具有排他性但具有竞争性的“公共资源”和不具有竞争性但具有排他性的“俱乐部物品”。广义的公共物品理论研究对象包括纯公共物品和准公共物品。基于公共物品理论分析，市场可能出现以下失灵的情形：由于公共物品存在非排他性，在人们认为无论是否为公共物品的提供出资他们都可从中获得效益的情况下，人们就缺少为公共物品进行支付的激励，因此产生了“搭便车”问题。由于“公共资源”具有竞争性及非排他性，每个人都会为了追求自身利益尽可能多地利用公共资源，因此产生了“公地悲剧”。“俱乐部物品”具有排他性，但是由于增加消费的边际成本为零，对这种物品进行排他限制则会导致社会消费不足，不进行排他则会导致供给激励不足。单个消费者很难确定自身对公共物品的需求价格，而且即使能够确定该价格也会由于存在“搭便车”的激励而隐瞒或者低报自身的偏好，因此依靠市场机制所能够提供的公共物品数量在很多情况下都小于最优数量，一般认为公共物品的足量供给需要政府发挥重要作用。但在存在排他可能性的情况下，公共物品也有可能由私人供给或自愿供给。生态系统服务具有公共物品属性，国家重点生态功能区、跨省的大尺度流域所提供的生态系统服务的受益者众多，具有较为鲜明的非排他性和非竞争性，基本属于纯公共物品；受益者相对较为明确的跨界流域、城市水源涵养区所提供的生态系统服务由于存在排他可能，基本属于准公共物品中的俱乐部物品；公共草场、渔场海域的使用具有竞争性，但是很难实现排他，基本属于准公共物品中的公共资源。不同生态系统服务的公共物品属性决定了其所对应的补偿机制不同。对于属于纯公共物品的生态系统服务，一般需要政府支付购买；但是对于存在特定受益群体或存在排他性的准公共物品还可尝试通过市场机制促进其供给。

2.2.2 外部性理论

外部性理论的研究起源于 19 世纪末 20 世纪初，外部性概念是新古典学派的创始人马歇尔（Marshall）在 1890 年出版的《经济学原理》（*Principles of Economics*）一书中提出的。公共产品一般会产生外部性，外部性可以分为外部经济性（正外部性）和外部不经济性（负外部性）。外部经济性是指在市场经济中，一个市场主体（消费者或者生产者）的行为致使他人受益，而受益者却无须为此支付费用的现象；外部不经济性是指一个市场主体（消费者或者生产者）的行为使他人受损，而经济行为个体却没有为此承担成本的现象。随后，庇古（Pigou）在《福利经济学》（*The Economics of Welfare*）中提出了“边际社会净产值”与“边际私人净产值”两个概念，当外部不经济时，边际社会成本大于边际私人成本。同时，庇古首次将污染作为外部性进行分析，提出“外部效应内部化”，并在此基础上提出征收“庇古税”。外部性的存在会影响资源的有效配置，影响社会效率，如何解决外部不经济问题成为研究的重点。被誉为制度经济学鼻祖的芝加哥大学罗纳德 · H. 科斯（Ronald H. Coase）教授在 1960 年第一次明确提出了“科斯定理”，来解决外部性问题，即如果人们可以无成本地谈判协商，那些会产生外部性的行为总能得到有效解决。公共物品具有的非竞争性和非排他性，会产生“公地悲剧”，这种现象产生的关键原因是个人为了自己的利益对公有财产的最大化使用，会对其他人造成外部成本。罗纳德·H. 科斯也提出外部效应的产生主要是因产权不明晰造成的。一般来说，有效的产权结构具有排他性、可转让性和强制性三个主要特征。在交易费用为零的情况下，通过初始产权的界定最终可以实现资源的最优配置，但如果交易费用很高，运用产权方式就不可行了。

在生态环境中，外部性问题表现在由资源的开发而造成的外部成本和由环境保护而产生的外部效益。由外部性理论可知：在进行生态保护补偿的研究时必须要明确好生态保护补偿的主体和客体，并有相应的生态保护补偿机制来解决生态保护的“不公平”问题。一方面，生态保护补偿是对资源外部效应的矫正，通过对具有外部经济的资源供给者进行补贴，提高其收益，鼓励其增加生态产品供给，从而使资源保护得以顺利进行；另一方面，对具有外部不经济的环境污染者征税、罚款等，提高环境污染者的边际成本，使其不得不减少环境污染，从而实现区域资源收益与成本的对等，保证不同区域资源的供给和经济社会可持续发展。

2.2.3 生态系统服务价值理论

生态系统服务的概念最早由J. 霍尔德伦（J. Holdren）和P. 埃利希（P. Ehrlich）提出，即由自然生态系统的生境、物种、生物学状态、性质和生态过程所产生的物质及维持的良好生活环境为人类提供的直接福利。

长久以来，环境无价、资源无限的价值观是社会大众的普遍认识，同时，经济和社会活动的政策与体制中也体现了这种价值观。不过在生态环境破坏不断加剧的情况下，对生态系统服务功能的研究越来越多，生态环境的价值逐步被人们重新认识。人们希望能在经济活动中将生态系统的市场价值展现出来，这为生态保护补偿机制创建奠定了基础。联合国千年生态系统评估（MA）与科斯坦萨（Costanza）等学者的研究在生态保护补偿机制创建过程中发挥了里程碑的作用。生态系统服务功能即让人们在生态系统中得到收益。生态系统不但能够将直接产品提供给人们，更重要的是其具有调节、供给、支持、文化等功能，这些功能所提供的各种收益可能比其提供直接产品所得收益还要大。人们在制定生态系统管理的相关决策时，不仅要考虑为人类谋福利，还要对生态系统内在价值予以重视。

2.2.4 区域分工理论

区域分工是指各区域为了获得资源配置的高收益而进行专业化生产，并通过国际贸易实现专业化利益的区域经济空间组织方式。区域分工理论是社会分工理论在经济地理空间上的表现形式，也是区域经济学中分析区域关系问题的基础性理论。区域分工理论与古典贸易理论密切相关，亚当·斯密（Adam Smith）认为在社会分工中，国家应该选择生产绝对成本优势最大的商品，并通过与他国的自由贸易获益。这种“绝对成本说”的局限性在于难以解释没有任何绝对优势的国家应该如何参与社会分工和贸易。在此基础上，大卫·李嘉图（David Ricardo）提出了“相对成本说”，即国家应该选择生产成本优势较大或者劣势较小的商品，即选择生产机会成本相对较低的商品以利用其相对成本优势。之后的新古典贸易理论中的“要素禀赋学说”认为不同地区的生产要素禀赋差异是决定其分工的原因。新贸易理论则在新古典贸易理论的基础上运用产业组织、市场结构的相关理论分析区域分工问题。区域分工理论虽然在不断修正或完善，但这些理论一致认为合理的区域分工可以提高资源的空间配置效率。区域分工现象产生的初始动力是不同区域的自然资源、劳动力、区位条件等外生性的比较优势，但随着区域分工的深入，区域的技术、制度等内生性的比较优势也逐渐成为区域分工的动力。由于区域经济作为国民经济的子系统，其运行要体现国民经济总体意图，因此国家出于宏观经济管理或战略布局目的可能会实施各种综合性经济区划，可见区域分工过程除了受市场动力的影响，还可能受到政策因素的影响。

2.2.5　生态公平理论

生态公平的本质是人与自然交往过程中所体现的社会性比较，它表达着人利用自然并在其中获利时所承担的基本责任。从这个意义上来说，构建生态公平就是维护人的生命权。生态公平不同于其他领域的公平问题，因为每一个生活在世界上的个体，都要与自然共生，都存在着一个利用和补偿自然的问题。

对于生态公平的主体，从横向来说，是指生活在地球上的所有人群，没有任何一个人在生态公平制度架构中拥有特权，既有享受基本生态服务均等化的权利，又有共同维护生态环境的义务；从纵向来说，当代人在享用自然恩赐的同时，又有同等的责任保护自然，不能因为现实的需要而提前透支下一代人的生态权利，代际公平意味着每一代人在生态权利和义务上是平等的。

2.2.6　区域发展空间均衡理论

作为基于主体功能区视角的生态补偿微观基础，区域发展空间均衡理论为基于主体功能区视角的生态补偿的模式、力度及补偿阶段演变提供了有力的分析工具，同时揭示生态补偿是实现区域均衡发展的正向过程，是加快区域均衡发展的有力手段。影响区域发展状态的各要素在区域间可最大限度地自由流动和合理配置是实现区域发展均衡的必要条件，基于主体功能区视角的生态补偿是针对生态效益的外部性，对保护型区域输出的生态流、资源流的能动性补充和反哺性回流。

2.2.7 区域管治理论

区域管治理论的意义在于揭示并解决了基于主体功能区视角的生态补偿过程的复杂性，是基于主体功能区视角生态补偿的实践指南，对于协调补偿主体、优化补偿关系具有重要的指导意义。运用区域管治理论，构筑补偿主体与补偿对象之间沟通、协调的架构和平台，实现两者之间信息充分交流、博弈充分展开，并通过充分交流达成共识，通过充分博弈取得满意结果，最终形成和谐的生态保护补偿机制。

2.3 国际生态保护补偿研究及实践

2.3.1 国际生态保护补偿研究进展

（1）PES 的概念

国际上与本研究所界定的生态保护补偿概念相近的是生态（或环境）服务付费（payments for ecological/environmental service，PES）。旺德（Wunder）在 2005 年通过五项准则对 PES 进行定义，即 PES 是指：①一种自愿性的交易；②环境服务（或者能够确保产生环境服务的土地利用类型）被明确界定；③至少一个环境服务购买者；④至少一个环境服务提供者；⑤当且仅当环境服务提供者提供了界定的环境服务时才付费。该定义在国际上产生了较大的影响并被认为是 PES 的主流定义，但也有许多学者指出了该定义的局限性，其中最为著名的是穆拉迪安（Muradian）的观点，他在 *Ecological Economics* 2010 年第 6 期的 PES 专刊中的文章中指出旺德（Wunder）对 PES 的概念界定过于严苛，现实中的大多数 PES 案例并不符合上述五项准则。在此基础上，他将 PES 定义为“为激励个人或集体在自然资源管理中按照社会利益进行土地利用决策而实施的社会成员间的资源转移”，这也引发了学术界对于 PES 定义的广泛讨论。在 *Ecological Economics* 2010 年第 11 期的 PES 专刊中，法利（Farley）认为旺德（Wunder）与穆拉迪安（Muradian）的定义之间的差异在一定程度上反映了环境经济学与生态经济学思想的差异。前者基于环境经济理论，更加强调通过市场机制保障环境效率，而后者基于生态经济理论，尝试综合运用市场及非市场手段实现生态系统可持续性的多重目标。在 2013 年出版的 *Ecological Economics* PES 专刊中，萨特勒（Sattleer）将 PES 的定义分为“科斯定义”和“庇古定义”，其中旺德（Wunder）的定义被认为是建立在科斯思想基础上的相对严苛的定义，而穆拉迪安（Muradian）的定义则被认为是建立在庇古思想基础上的相对宽泛的定义，前者更加注重市场机制的作用，后者将政府的税收、补贴等政策手段也纳入了 PES 机制中。卢卡·塔科尼（Luca Tacconi）于 2012 年在综合相关研究的基础上，将 PES 定义为“向自愿的环境服务提供者进行有条件支付以获得额外环境服务的透明机制”，这也是一种介于旺德（Wunder）的定义与穆拉迪安（Muradian）的定义之间的 PES 定义方式。此后，旺德（Wunder）在 2015 年对 PES 定义进行了全面的梳理，并修正了其定义，即 PES 是“一种介于环境服务使用者和提供者之间的自愿交易，且这种交易以通过协定的自然资源管理方式获得外部环境服务为条件”。该定义方式较他在 2005 年提出的定义要相对宽泛，但是条件性的重要程度得以进一步凸显。虽然目前对于 PES 的定义尚未达成共识，但各种定义对于 PES 的自愿性、条件性和额外性等基本特性已经有了共性认识。

（2）PES 的支付机制

国际上生态保护补偿支付，主要分为政府主导模式和市场主导模式。政府主导的生态保护补偿机制中，政府通过征收各项税费集中受益方资金，按照生态保护补偿合同的约定，直接或者间接转移给生态服务的提供者。在这种模式下，受益方的选择范围较为有限，其作为补偿资金的主要来源，通常不可自主退出交易；生态服务的提供者通常具有选择的权利。在生态资源产权难以界定或者产权界定成本较高的情况下，通常采用政府主导型的生态保护补偿机制，政府从平衡公众利益的角度，对生态效益进行评估，确定财政支出的额度与补偿方式等。市场主导的生态保护补偿机制中，通常基于产权理论以产权的分配作为支撑，通过市场或者准市场交易，实现环境外部性的社会最优化选择。

市场主导模式和政府主导模式也是学界探讨的热点话题，由于环境服务的直接受益者一般会更加积极地监督 PES 机制的运行效果并且具备更加完备的信息条件，因此在一定尺度范围内市场主导模式的效率高于政府主导模式；但随着项目涉及范围扩大，政府主导模式在节约交易成本方面具有更大的优势，这也是目前各国 PES 实践中以政府主导模式为主的重要原因之一。也有学者认为，市场和非市场的手段共同形成的“混合治理结构”是目前许多 PES 项目得以有效实施的原因。瓦滕（Vatn）认为 PES 是对“政府-市场-社区”关系的重新构建，需要发挥政府和社区的作用，而不应该仅仅依赖于市场机制。拉斐拉（Rafaela）在 2016 年将巴西与拉丁美洲其他国家的 PES 成功案例进行对比，发现在 PES 机制设计的过程中需要提高当地公众的参与程度。海斯（Hayes）在 2017 年发表的论文中，认为 PES 机制应该和公共资源管理机构有机配合，从而更有效地保护公共资源。

目前，在实践案例中，国外生态保护补偿的市场化手段主要有商业规划、碳汇及碳交易、生态旅游、生态产品认证体系及生态保护补偿基金等。生态保护补偿基金方面，全球已有 100 多种环境基金，这些基金的类型主要分为捐赠基金、偿债基金、周转性基金三类，以不同形式为生态保护补偿提供资金来源。同时，这三种基金并非完全独立，可能会存在交叉重叠的现象，在基金的表现形式与内容上会存在相互嵌套的情况，如捐赠基金可能是以信托基金的形式表现出来，同时基金管理机构由当地政府、环境专业机构等共同组建。在市场化运作过程中，生态保护补偿基金由管理机构委托专业基金运作机构，通过资本市场或者商业化手段的操作，引进银行、基金等专业金融机构参与，来提高基金的收益。

（3）PES 的主客体

在 PES 的生态系统服务交易机制中，一般以产权确定买卖方。PES 的卖方一般是通过改变土地利用类型提供环境服务的土地所有者，但在土地属于集体或社区所有的情况下，地方政府或者社区也有可能成为 PES 的卖方。相对而言，PES 的买方则更复杂，环境服务购买者可以是环境服务的直接受益者，也可以是代表环境服务受益公众的政府、非政府组织（NGO）等。

（4）PES 的支付标准

关于 PES 机制的支付标准，恩格尔（Engel）在 2008 年对 PES 的基本逻辑进行了分析，他认为生态服务付费的支付标准应该介于提供者的机会成本和所产生的环境服务价值之间。虽然环境服务价值研究对 PES 机制设计具有重要意义，但从国际上 PES 案例实践来看，机会成本仍然还是确定支付标准的主要依据。除了对支付标准本身的关注，许多学者还研究了标准的差异化问题，基于环境服务和机会成本的异质性实施差异化的支付标准有助于提升 PES 机制的资金使用效率。但是实施支付标准的差异化将增加 PES 机制的交易成本，因此是否实施支付标准的差别化及在多大程度上实施差别化取决于交易成本增加与交易效率提升之间的权衡。迈克尔（Michael）在 2016 年对肯尼亚的研究发现，当地政府直接进行土地收购的财务效率甚至高于 PES 机制的效率。许多研究还表明，经济激励并非决定农户参与 PES 意愿的唯一因素，社会文化等许多非物质因素也是影响农户参与意愿的关键。

2.3.2 国际生态保护补偿实践

1. 厄瓜多尔流域生态保护补偿基金

与许多发展中国家一样，厄瓜多尔也面临着水资源短缺及水污染问题，对当地的经济发展与生活水平的提升产生了严重的影响，水资源的污染还对农业生产造成了严重的负面影响。森林和草场是保护水源、防止土壤流失的重要屏障，但厄瓜多尔森林的退化和草场的破坏对农业、水域等生态环境造成的负面影响越来越突出。为此，厄瓜多尔对于上游区域森林及草场的资源保护尤为重视，借此来保护下游的水资源。2000 年，厄瓜多尔皮马皮罗市成立了水资源保护基金，同年基多市也成立了水资源保护基金，为城市周边水域的管理和保护提供了一条可持续的支持路径。

（1）皮马皮罗基金项目

从基金项目建立背景来看，厄瓜多尔皮马皮罗市贫困人口比例较高，约有 74% 的人口处于极度贫困的状态。1999 年，该区域经历了长时间的自然灾害，为保证全市的水资源供给，该市修建了一条运河。灾害后，当地的商业和民用淡水使用者的水资源支付意愿相对较高，为水保护基金的设立奠定了基础。

从补偿模式来看，皮马皮罗基金项目是以政府为主导的基金运作模式。该基金主要由三部分构成，分别为 1350 户家庭缴纳的水消费附加税的 20%、水基金的利润来源及当地政府的财政拨款。其中，水消费附加税的 20% 约为 4700 美元/a，水基金最初的规模为 15 000 美元，当地政府的财政拨款约为 864 美元/a，这些资金来源共同形成了该项目的资金池。

在补偿对象方面，主要集中于帕劳河上游的低纬度农场或者其周边的居民，共计 27 户。其中有 19 户农户参加了该补偿项目，且合同由最初 5 年的期限延长至无限期，接受生态保护补偿的土地面积为 1 ～ 93hm^2。

在监督机制方面，监督的对象及信息来源都是针对土地的使用情况，并非服务提供者的行为特征。市政府对土地利用监督采用 3 个月的定期访问方式，同时随机选择 3 份合同内容进行抽查。市政府将土地使用的监督情况报送基金委员会，以便决定是否对违反合同条约的行为进行处罚，具体的处罚方式可选择延长资金补助下发时间，甚至取消补偿合同。

从生态保护补偿基金的成效来看，项目实施显著改善了帕劳河上游的生态环境，植被覆盖率显著提高，还间接提高了下游水域的环境质量。同时，通过该项目的补偿机制及合同监督行为，显著减少了居民的森林砍伐行为，增加了违法砍伐的成本。对于贫困农户来说，每年约有 252 美元的生态补偿资金，超过了其所承担的生态保护补偿成本，切实增加了贫困农户的收益，提高了农户参加生态保护补偿项目的积极性。但由于管理费用及交易成本较高、投入资金持续性等问题，也存在着制约其可持续发展的不确定性因素。在监督机制上，由于市政府环境部门人力资源有限，对于偏远地区的土地利用存在监督力度下降的情况。

（2）基多水资源保护基金

2000 年，大自然保护协会受到美国国际开发署的资助，开始筹建基多市的水资源保护基金，除了获得最初的资金支持，还吸引了美国相关领域的专家和高校研究机构成员加入了该保护协会，形成了有力的人力技术支撑。后期该信托基金又成立了专门的管理委员会，独立于政府组织，对信托基金进行运作与管理。

从补偿机制的主客体和支付机制来看，在信托制度下，水资源的提供者通常包括公共代理机构、私人公司及其他社会团体，他们在当地政府约定事项中也会成为服务的支付者。同样，市民的支付机制也会在制度设计上进行相应转换。信托基金在法律状态上，是私人性质的、独立的，尤其是对于外部捐赠者而言，更具有吸引力。

对整个水资源基金来说，其保障机制体现在基金管理组织、基金分配决策和基金合同条款三个方面。在基金管理组织方面，管理机构独立于当地政府及其他的水域利益相关者，聘用外部专业的信托基金经理管理基金资产，对水域服务使用者收取的资金进行再投资。信托基金经理通过市场化的投资行为，创造出比维持水域基金运行所需的更多利润。信托基金产生的收益分配给水域利益相关者，水域利益相关者使用这笔资金来投资水域管理及保护行为。在基金分配决策方面，信托基金的董事会决定信托基金运行过程中收益的分配及使用，董事会的主要职责在于提供技术支持、组织会议及形成决定。董事会由当地政府及信托基金的出资者共同组成，董事会的决策结果同时代表了公共利益与私人利益。董事会决策过程中，通常伴随着公私利益的相互博弈。在这种运行机制下，水服务的购买者及那些没有参加该项信托计划的水域利益相关者的诉求都会被涉及。在博弈过程中，政府通常代表公众利益，信托基金的出资者基于水服务购买者的利益，双方共同寻找需求的平衡点。在基金合同条款方面，以合约的形式明确成员之间的关系及基金的使用事项。水服务的购买者及水资源的提供者之间，不局限于是公共部门还是私人团体，在合同中都被视作购买者或提供者，合同对双方的权利与义务进行详尽约定，以有效减少信托基金运行中的交易成本。此外，信托基金的合约长期性（80 年）为水域保护提供了持续性的保障，在长时间内通过生态保护补偿机制影响水域保护的行为，避免了短期激励行为的不可持续性。

从成效来看，基多水资源保护基金通过市场化的运作方式，提高了信托资金的使用效率，在基金运行期间取得了良好的收益。同时，该信托基金的合同内容相比传统的政府主导型的补偿基金更为丰富，对于不同利益主体之间的行为转换机制都进行了详尽的约定。在基金管理委员会中，政府与市场代表各自不同的利益诉求，在博弈过程中，也使得生态保护补偿机制的成本-收益实现了“帕累托改进”。但该基金的高度市场化运作，也使其将更多的精力集中于资金的运作方面，在水域保护治理方面的努力程度受到了多方的质疑，然而这些并未影响其成为世界水域治理基金的典型案例。

2. 墨西哥森林基金

墨西哥林业的产权性质主要分为三种，其中国有林业、私有林业、公有林业的比例分别为 5%、15%、80%，全民人口中约有 1200 万人的生计需要依赖森林。

在墨西哥，森林资源呈现出较为集中的特征，全国范围内 8500 个合作农场或其他社区组织拥有约 59% 的森林。社区森林管理的效果因社区的能力与约束力及其他的土地利用机会而不同。面对前期严重的森林退化问题，墨西哥政府于 2003 年成立了基金，用于补偿森林提供的生态服务。

在补偿对象方面，基金对土地使用者（包括合作农场、社区合作农场及私有产权者）不改变森林用途的行为进行补偿。补偿范围如下：一是密度在 80% 以上的森林；二是位于过度开发地下水的区域；三是靠近人口数量大于 5000 人的区域。其中，选择第三条主要是因为只有足够数量的居民才能形成交易市场，进而形成对森林保护地下水源的需求。后期，墨西哥森林基金在已有的基础上，又新增了两项选择标准，一项是国家保护区域或优先保护山区，另一项是过度开发的水域。

补偿模式是政府主导的生态保护补偿模式，但不同于以往的是，基金突破了财政预算要在当年使用完毕的限制，全部的 160 万美元补偿资金覆盖了后续 4 个年度，这也是该基金的重要优势，避免了在一个完整年度内集中使用财政资金的难度，也减少了财政支出的不确定性，为 5 年合约的执行提供中长期的资金保障。基金主要通过国家森林委员会和技术委员会进行管理。

在支付标准方面，该基金试行了双重定价机制，每平方英尺[①]茂密森林的定价为40 英镑，其他森林种类的定价为30 英镑。每年会进行合同条款更新和重新签订。

3. 哥斯达黎加森林基金

哥斯达黎加在经济发展过程中，森林被砍伐和破坏的现象日益严重，森林覆盖率下降带来了对物种多样性的威胁，其政府自 20 世纪 70 年代开始采用生态保护补偿等措施，先后通过森林信用认证（FCC）、森林保护认证（FPC）等市场认证手段，推广商品林的种植，以解决森林无序开发的问题。1996 年，哥斯达黎加政府成立国家森林融资基金（FONAFIFO）开展生态保护补偿工作。

在补偿对象方面，该基金主要对土地所有者植树再造林、持续性的森林管理及森林保护行为进行补偿。该基金的补偿对象直接定位于私人土地的使用者，主要是为了解决森林覆盖率快速下降的问题。此外，根据哥斯达黎加森林基金的规定，符合条件的私人土地所有者的土地面积范围弹性较大，最小可以为 $1ft^2$，最大可以为 $300ft^2$。

从补偿模式来看，该基金采用了政府与市场相结合的主导模式，在基金运作过程中不断创新补偿收费机制，从最初的化石能源销售税逐步扩展到水服务付费，以及公共机构、企业和国际环保组织的捐赠，实现了通过生态服务市场的自身运作，充实基金资金池，资金来源既有国家财政资金，又有公众或私人公司的资金，另有一部分则通过捐赠、补助金及市场工具筹集（表 2-1）。

① 平方英尺（ft^2）是英制面积单位，$1ft^2 \approx 9.2903 \times 10^{-2}m^2$。

表 2-1 哥斯达黎加森林基金资金来源情况

资金类型	资金来源	阶段	数量
国家财政资金	燃料税	1997 年至今	350 万美元/a
公众或者私人公司	木材立木价值税	1998 年（仅该年度征收）	4000 万科朗；2004 年通过基金运作上涨至 6000 万科朗
	圣费尔南多和中央火山区域的全球基金	1997 年至今（每 5 年合同更新）	约 4 万美元/a
	圣卡洛斯北部流域	1999 年至今（每 10 年合同更新）	约 3.9 万美元/a
	佛罗里达冰雪农场保护组织	2001 ～ 2009 年（初始合同为 8 年）	约 4.5 万美元/a
捐赠、补助金、市场工具	世界银行生态保护捐赠、全球环境基金（GEF）补助金	2000 ～ 2005 年	约 400 万美元/a
	德国复兴信贷银行（KFW）捐赠	2000 ～ 2007 年	约 180 万美元/a
	通过公开市场售卖的造林项目	2002 ～ 2004 年	约 30 万美元
	环境服务认证	2002 年至今	约 135 万美元/a

从补偿的定价机制来看，该基金的补偿标准体系十分详尽且灵活（表 2-2）。通过具体的行为补偿定价机制，对不同生态保护行为制定了不同的补助标准，在基金的支付比例上也并非采取完全等额支付的形式。例如，为了提高农户积极性，在纳入农林系统的再造林行为上，该基金实行了阶梯形的补偿标准，先前两年的支付比例高达 70%，覆盖了前期木材的大部分成本。同时，该定价标准是初始的合同价格体系，在执行过程中，也会根据土地所有者的合同履行情况进行及时的调整。通过这样细化的价格体系标准及阶梯形的支付方式，提高了补偿资金对于土地所有者的行为影响程度，激发了土地所有者重新植树造林的积极性。

表 2-2 哥斯达黎加森林基金补偿标准体系

补偿类型	支付标准	合同期限	备注
再造林	816 美元/hm^2 10 年支付	国家森林融资基金保留 15 年的环境服务权益	对于 50hm^2 及以下的新项目，在签订合同时预付总金额的 46%。对于现有项目，合同签署后的第一年支付 46% 的费用，项目必须符合规划标准。在合同剩余的 9 年里，每年支付 6%
森林保护	64 美元/(hm^2·a) 5 年，每年支付，可续签 5 年	国家森林融资基金保留 5 年的环境服务权益，续签后延续 5 年	5 年的合同可续签第二个 5 年。每年的付款在合同签订并且项目符合支付条件时开始

续表

补偿类型	支付标准	合同期限	备注
纳入农林系统的再造林	1.3 美元/株树 3 年支付	国家森林融资基金保留 5 年的环境服务权益	合同签订后，第一笔款为总金额的 65%，当项目符合标准或专业人员出具证明所种树木平均树龄达标时支付。余下的 20% 和 15% 分别在第 2 年和第 3 年支付

在基金合同的执行期间，土地所有者将他们的碳排放权益和其他环境服务权利都售卖给该基金。待合同期限执行期满，土地所有者将会重新进行谈判，或者将补偿权益售卖给其他土地所有者。在申请过程中，土地所有者提交的森林保护计划书也是合同的重要内容，作为是否履行合同约定的重要标准。

总的来说，哥斯达黎加的市场化森林生态保护补偿基金的运作更为高效，在通过市场化提供生态服务的过程中，进一步拓宽了资金来源渠道，促进了基金的财务稳定性；同时，通过对森林区域实施生态保护，丰富了物种的多样性，全国 10% 的农户参与了该补偿基金，达到了减贫的效果。市场化的补偿机制，更加符合市场机会成本的原则，对私人土地所有者形成了正向激励，并且通过基金市场化运作、差异化定价机制的设置，提高了生态保护补偿基金的效率。

4. 其他生态保护补偿案例

除了厄瓜多尔、墨西哥、哥斯达黎加这三个国际生态保护补偿案例的典范，本研究还从补偿依据、补偿标准、补偿方式、权责共担等方面总结了其他一些生态保护补偿的国际案例，从不同角度进行总结与思考。

（1）基于不同角度的生态保护补偿依据

将区域生态系统服务作为生态保护补偿的主要依据：英国 2013 年实施的泥炭地生态保护补偿项目，通过全面梳理泥炭地水源涵养、洪水调蓄、生物多样性维护、碳储存、休闲娱乐等多种调节与文化服务功能，建立了以区域生态系统服务为依据的生态保护补偿融资机制，争取到来自政府、国际组织、企业、公益机构等多方补偿资金，突破了以往单一依赖政府财政转移支付的补偿方式和资金不足的困境，同时能够统筹区域生态系统要素之间的关联性，制定出更为切实有效的生态保护方案。

将明确自然资源资产权属作为实施生态保护补偿的依据：在私有制国家和市场化程度较高的国家，自然资源资产归当地土地所有者，生态保护补偿可以通过协议或者合同的方式开展。而在公有制或者不完全私有制的国家中，不断完善自然资源资产的权属关系成为实施生态保护补偿的客观要求。2012 年，巴西通过立法手段推动实施农村环境注册，要求农户通过全国统一网站进行登记，确认归属于自身的自然资源及其对应的环境责任，并在此过程中由当地环保组织进行协助，同时出台配套政策措施限制未取得登记认证农户的农产品市场流通及金融贷款权限以保障注册登记顺利推进。该措施有效理清了历史遗留的产权主体交叉问题，为实施生态保护补偿明确了补偿对象及生态保护责任人。

（2）差别化的补偿标准

随着对生态系统及其服务功能认识的不断深入，各国学者越来越强调生态保护补偿标准的差异化，国际上诸多生态保护补偿实践案例也表明，补偿标准差异化能有效提高补偿实施效益。美国切萨皮克湾依据地区生态保护成效进行差别化补偿，在达到同等成效下能够节约近半成本。

（3）多样化的补偿方式

采用多样化的补偿方式，如物质补偿、能力建设、技术协助、提供就业等，对引导农户生产方式转型、稳定生态保护成效显著。玻利维亚为受偿农户提供蜂房及养蜂培训，帮助农户创造新的生计来源。哥伦比亚则引导牧民打造林牧系统，在为农户提供新的生计来源的同时也提升了生态环境质量，牧民在补偿期结束的4年后依然持续依赖于林牧复合系统，有效维持了生态产业的可持续性。

（4）责任共担和协同管理的参与机制

欧洲多瑙河流域、非洲尼罗河流域、北美洲密西西比河流域、南美洲亚马孙河流域等全球主要跨国或跨州流域，均采取公约框架作为基础并设立常设机构的责任共担协作机制开展流域生态保护补偿和生态修复工作。其中，公约框架为合作提供法律基础，常设机构的设置则为流域整体生态环境改善提供长效的沟通、协商、协作平台。各主要流域生态保护补偿公约框架规定缔约成员进行共同决策、共同承担经费责任，而根据流域所在地自然、社会、经济条件的实际差别，各缔约成员可协议承担有区别的经费责任。例如，欧洲奥得河下游国家较上游国家承担更多经费，易北河上下游国家则根据境内流域面积大小分担经费。在常设机构的设置上，一般由缔约方代表团进行决策、专家委员会承担具体事务、秘书处处理日常工作，并邀请国际组织、研究机构、公益团体作为观察成员，促进缔约各国在流域生态保护补偿中共担责任、深度协作。

除了大尺度上多国协同共管的例子，在小尺度上还有通过建立社区协同管理机制提高生态保护补偿效果的例子。厄瓜多尔桑盖国家公园培训了一批当地居民作为生态保护补偿项目的公共监督员，虽然居民大多仅为小学学历，但经培训后他们都能较好地掌握调查与生态保护监管工作。马拉维则通过集聚支付的方式开展社区协同管理，即充分调动每一个生态保护补偿的受偿者成为项目实施的监管人，该支付方式不仅向农户支付其本身的补偿费用，还在其带动邻户参与生态保护修复活动时，对该农户进行额外奖励，有效促进形成了相邻农户间的监督和带动机制。

2.3.3　国际生态保护补偿实践经验启示

总结国际生态保护补偿实践案例，主要有以下启示和经验。

（1）充分发挥市场配置资源的作用，实现参与各方的激励相容

从国际生态保护补偿的实践案例来看，多国在探索市场化生态保护补偿的道路上走得比较远，取得了良好的运作效果。市场化的生态保护补偿机制在缓解财政资金压力、拓宽资金来源渠道、维持补偿对象及定价机制的灵活性、实施生态保护补偿的高效性等方面有较为明显的优势。

（2）多元化的生态保护补偿标准和补偿方式

国外很多案例都采用了多元化的生态保护补偿标准和补偿方式。例如，依据生态服务的重要性评估、区域生态保护成效、受偿对象的差异化需求等，确定差别化补偿标准，进一步促进形成有效激励机制和提高补偿效益。此外，国际上有很多案例通过引导农户发展替代生计或创建生态经济复合系统等多样化补偿方式，突破了单一的资金补助模式，加大力度开展依托良好生态环境的生态产业、实施就业培训等能力建设计划，实现了生态保护地地方财政状况改善、农户生计长效转型与生态保护成果维护的“三赢”。

（3）多元的监督管理机制

国际生态保护补偿案例中，大多配套监督管理机制。除了比较常见的调查、抽查、遥感技术等方式，社区共管等多元监管模式也是国际案例中运用较多的。社区共管通过培训具有基本监管业务能力的村民代表，使其承担补偿实施过程及补偿成效的监管职责，促进社区力量在生态保护补偿实施全过程监管中的参与，有效引导村民间、村集体间形成相互监督、相互激励的生态保护社区环境，同时还为当地创造出生态保护工作岗位，帮助村民实现从资源开发者向生态保护者转型。

2.4　国内生态保护补偿研究及实践

2.4.1　国内生态保护补偿研究进展

（1）生态保护补偿的原则

我国的生态保护补偿最初主要是指对破坏生态环境的主体征收“生态保护补

偿费”，因此生态保护补偿早期的原则主要是“污染者付费”原则。随着生态保护补偿的内涵逐渐拓展，生态保护补偿逐渐被应用到激励生态环境保护产生正外部性的领域，因此“谁受益，谁补偿”“谁保护，谁受益”成为生态保护补偿的重要原则。结合广义的生态保护补偿概念，有许多学者对生态保护补偿的原则进行了概括，虽然表述方式不一，但是“受益者（使用者）或破坏者支付，保护者或受害者被补偿”的基本思路得到了学界的普遍认可。此外，还有学者从其他角度对生态保护补偿的原则进行了补充，例如，生态保护补偿应该注重公平性、循序渐进、权责对等和有效性原则等。

（2）生态保护补偿的空间选择

生态保护补偿的空间选择是指通过恰当的方式对不同区域（或不同生态系统服务提供者）进行空间定位，筛选出最有效的受偿区域（或生态系统服务提供者），以提高生态保护补偿机制的实施效率。在生态保护补偿机制中，进行空间选择的必要性主要体现在以下三个方面：首先，不同区域（或不同生态系统服务提供者）能够提供的生态系统服务具有较为明显的空间异质性，不同区域（或不同生态系统服务提供者）的生态系统格局、结构不同，导致其能够提供的生态系统服务功能量及生态系统本身的脆弱性存在差异。其次，不同区域（或不同生态系统服务提供者）提供生态系统服务的成本不同，并且社会经济发展水平的差异也可能导致生态系统面临不同的破坏风险。最后，生态保护补偿机制中往往存在各种无效率情形，包括补偿标准无法满足受偿主体的自愿性、将无法产生额外性的区域纳入补偿范围等。

在生态保护补偿机制研究中，空间选择方法经历了由“效益瞄准”“成本瞄准”“效益成本比瞄准”到“多目标、多准则瞄准”的发展。公式（2-1）为考虑风险因素的效益成本比空间选择模型。其中，R_j 为第 j 个区域（或生态系统服务提供者）的生态保护补偿优先度，R_j 越大，该区域（或生态系统服务提供者）越应该优先被纳入生态保护补偿范围；e_j 为第 j 个区域（或生态系统服务提供者）所能够提供的生态系统服务量，可以由生态系统服务价值评估的价值量或者其他能够反映生态系统服务功能量的指标代替；w_j 为第 j 个区域（或生态系统服务提供者）生态系统被破坏的风险程度；c_j 为第 j 个区域（或生态系统服务提供者）提供生态系统服务的成本，包括直接成本、机会成本和交易成本等。c_{budget} 为生态保护补偿机制的预算约束，根据公式（2-2）即可在预算约束下选择出最具财务效率的补偿范围。

$$R_j = \frac{e_j - w_j}{c_j} \tag{2-1}$$

$$\text{s.t.}\sum_{j=1}^{n} c_j \leqslant c_{\text{budget}} \tag{2-2}$$

上述空间选择方法被称为“传统定位法”，该方法往往难以适用于更大尺度上的区域生态保护补偿空间选择。当前学界对于区域生态保护补偿的空间选择形成了两种主要研究思路：基于生态系统所产生的效益进行空间选择（以下简称“效益法”）和基于生态系统服务功能的盈亏状况进行空间选择（以下简称“盈亏法”）。效益法与传统定位法中的“效益瞄准”基本一致，一般将生态系统服务价值作为核心依据，确定不同区域的生态重要性。其中，生态保护补偿优先级（eco-compensation priority sequence，ECPS）是应用较为广泛的一种空间选择方法。公式（2-3）和公式（2-4）中 VAL 为区域的单位面积生态系统服务价值，ACR_i 为第 i 种土地利用类型的面积（hm^2），COFE_i 为第 i 种土地利用类型的生态系统服务价值系数，$\text{ACR}_{\text{total}}$ 为区域的土地总面积。VAL_j 为第 j 个区域的单位面积生态系统服务价值，GDP_j 为第 j 个区域的单位面积 GDP。

$$\text{VAL} = \sum\left(\text{ACR}_i \cdot \text{COFE}_i / \text{ACR}_{\text{total}}\right) \tag{2-3}$$

$$\text{ECPS} = \text{VAL}_j / \text{GDP}_j \tag{2-4}$$

“盈亏法”除了考虑某个区域的生态系统服务供给状况，还将该区域对生态系统服务的消耗状况纳入分析之中。一般将生态系统服务供给与消耗的差值作为界定生态保护补偿的补偿区域和受偿区域的主要依据。在公式（2-5）和公式（2-6）中，EP_i 为第 i 个区域的生态盈余（或生态赤字）（hm^2），EC_i 为第 i 个区域的生态承载力（hm^2），EF_i 为第 i 个区域的生态足迹（hm^2），QEC_i 为第 i 个区域应该获得的区域生态保护补偿金额（元/a），ES_i 为第 i 个区域的生态系统服务价值（元/a），A_i 为第 i 个区域的生态系统总面积（hm^2），R_i 为第 i 个区域的生态保护补偿系数。借鉴盈亏法的思路，还有许多学者将不同区域的水足迹、碳足迹、污染物的排放和治理情况等作为空间选择的主要依据。

$$\text{EP}_i = \text{EC}_i - \text{EF}_i \tag{2-5}$$

$$\text{QEC}_i = \left|\text{EP}_i\right| \cdot \frac{\text{ES}_i}{A_i} \cdot R_i \tag{2-6}$$

（3）生态保护补偿的主客体

目前国内关于生态保护补偿主客体的确定，普遍接受的方式是遵循生态保护补偿的原则（表 2-3）。

表 2-3　生态保护补偿主客体确定

原则	适用范围
破坏者付费	行为主体对生态环境产生不良影响，适用于区域性的生态问题责任的确定
使用者付费	资源和生态要素管理方面，如占用耕地、采伐利用木材和非木质资源、矿产资源开发
受益者付费	在区域之间，区域公共资源由非公共资源的全部受益者按照一定的分担机制承担补偿的责任
保护者得到补偿	对生态环境保护做出贡献的集体和个人
受害者得到补偿	因环境受到破坏而使生命、财产受到损失或损害的集体和个人

在此基础上，不同学者从不同角度提出了主客体确定的具体思路。蔡邦成等（2005）认为，界定生态保护补偿主客体的前提是生态环境资源产权明晰，在此基础上才能够根据产权的类型、不同主体之间的生态关联并结合生态保护补偿的原则确定补偿的主客体。秦艳红和康慕谊（2007）指出，在补偿主客体中受偿方（补偿的客体）更容易被确定，而受益方（补偿的主体）则需要考虑生态系统服务的作用区域及强度等。陈兆开等（2007）认为，在市场经济条件下国家、地区、单位和个人都可发挥作用，补偿主体可以分为国家补偿主体、社会补偿主体和自我补偿主体。俞海和任勇（2008）将生态保护补偿种类按照公共物品属性分为了纯公共物品、公共资源、俱乐部产品和准私人产品的生态保护补偿，并认为不同的公共物品属性是确定补偿主客体的基础。马国勇和陈红（2014）提出运用利益相关者理论，明确生态保护补偿的利益相关者及其利益诉求，开展生态保护补偿利益相关者分析，有利于生态保护补偿机制的确立（图 2-2）。

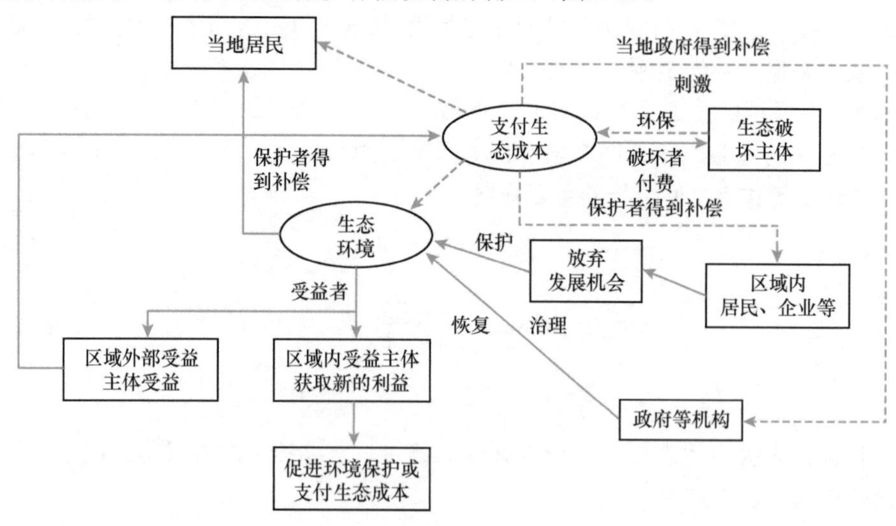

图 2-2　生态保护补偿利益相关者分析

总结国内学者的相关研究，生态保护补偿主体是指按照生态保护补偿法律法规规定，具有补偿权利和行为能力，依据规定应当向他人提供生态保护补偿费用、技术、物质材料及劳务的政府机构、社会团体和个人等。生态保护补偿主体主要有政府、公民和社会组织。政府是实施生态保护补偿的经常主体，主要包括两个方面：一是国家职能，国家代表所有人的利益，承担社会公共管理等职能，国家通过制定法律、法规，对生态环境和自然资源进行管理与配置，有权依照有关法律法规实施相应的补偿行为；二是由于生态环境和自然资源的特有属性，产权界定较为困难，并且自然资源兼具经济价值和生态价值，这两种价值呈负相关，从而难以界定优先使用哪种价值才能实现社会效益的最大化，因此有赖于政府的统筹规划和安排。公民是生态保护补偿的主体，是生态环境的使用者和自然资源的使用者，体现在公民在生活、经营活动中产生的外部不经济性行为。社会组织主要有两种类别：一是企业组织，包括法人型和非法人型组织，几乎所有从事生产经营活动的企业都涉及利用自然资源和生态破坏行为，这些行为是导致生态环境恶化的主要“罪魁祸首”，因此这些企业是生态保护补偿重要的直接主体；二是其他社会组织，主要指非营利性组织，一般是热衷于公益事业的社会团体，其经费来源以自筹和募捐为主。

补偿客体是指向社会提供生态产品或生态服务，因生活、财产等所在区域位于特定生态功能区，以至于正常的工作生活、财产利用及经济发展等受到不利影响，依照有关规定，应当得到物质、技术、资金补偿等的社会组织、地区和个人，或者从事生态环境建设和保护、使用绿色环保技术的组织、地区和个人等。例如，依法从事生态环境建设和保护的单位和个人应得到相应的经济或实物补偿；国家不仅是生态保护补偿的主体，还是生态保护补偿的客体，凡是占用或使用生态环境及自然资源的社会组织和个人都应向国家支付相应的补偿，国家使用补偿资金进行生态环境建设和保护；在生态功能区内，经济发展要让位于生态环境保护，生态环境保护的标准要高于其他区域，自然资源的开发受到限制甚至被禁止，因此区域内经济发展受阻，区内居民生活水平会降低，通常有关政府应对该功能区范围内的政府和居民进行相应的补偿，对其失去的发展机会给予弥补。

（4）生态保护补偿的标准

确定区域生态保护补偿标准是生态保护补偿机制中的重要内容之一，也是生态保护补偿实践的难点之一。只有确定合理的生态保护补偿标准，才能以此为依据制定相应的生态保护补偿标准和政策制度。李晓光等（2009）将生态保护补偿标准确定的理论基础分为生态系统服务价值理论、市场理论和半市场理论。李文华和刘某承（2010）认为，生态保护补偿标准可以根据生态保护的直接投入和机会成本、生态受益者的获利、生态破坏的恢复成本、生态系统服务价值进行初步核算。郑海霞和张陆彪（2006）认为，流域生态保护补偿的标准可从成本估算、生态系统服务价值增量、支付意愿和支付能力四个方面进行考虑。刘桂环等（2016）指出，在当前我国的断面水质财政激励实践中，补偿标准一般是基于污染物超标排放通量和基于跨界水质超标程度两种方法确定。总体来看，目前各种补偿标准的测算方法一般都是在生态系统服务价值、生态保护成本及支付意愿（或受偿意愿）计算的基础上展开的。

根据生态保护补偿的原理，补偿金额应该是私人成本和社会成本间的差额，因此生态系统服务价值评估（或生态损失评估）是确定生态保护补偿标准的理论依据。但由于生态系统服务价值评估技术尚不成熟，由此确定的补偿标准很难得到各方的一致认可。并且基于生态系统服务价值的评估结果一般比较巨大，很难应用于实际补偿标准的确定。有学者提出将生态系统服务价值乘以生态保护补偿系数作为补偿标准，但这种做法增加了补偿标准的主观性。尽管如此，生态系统服务价值对于生态保护补偿标准的确定还是具有一定意义，例如，许多学者提出生态系统服务价值可以作为补偿标准的理论上限。除此之外，还有学者运用生态足迹模型，通过测算区域生态足迹和生态承载力，分析生态盈余和生态赤字，得到区域间资源的供需差异，再结合生态系统服务价值，计算生态保护补偿标准。

目前生态保护补偿的相关实践中普遍采用的是基于受偿方所承担成本确定的补偿标准。受偿方所承担的成本大致可划分为生态环境保护的直接投入成本和因为生态环境保护而产生的发展机会成本。其中，直接投入成本相对容易确定，但是发展机会成本难以准确衡量。基于成本法的估算结果没有反映生态系统服务的价值，许多学者将其视为补偿标准的下限。也有学者将生态保护者的成本分为直接投入、直接损失和机会成本三部分，与前一种划分方式相比，这种划分方式是将发展机会成本细分成了产业发展的机会成本和直接损失两部分。

另有许多学者强调了补偿标准确定过程中补偿主体的支付意愿、支付能力及补偿客体的受偿意愿的作用。例如，王金南等（2006）认为基于生态保护补偿主客体之间的受偿意愿和支付意愿的协商平衡确定补偿标准一般更具可行性。秦艳红和康慕谊（2007）将补偿标准分成两方面考虑，对受偿方的补偿标准应该以机会成本为基础，对受益方的征收标准则应该综合考虑受益程度、支付意愿和支付能力。谭秋成（2009）认为生态保护补偿没有统一标准，补偿标准的最终结果取决于补偿双方的谈判能力。总体来看，生态保护补偿的标准仍没有统一的核算标准，许多学者都强调补偿的双方参照上述各种标准，进而通过协商、博弈确定实际的补偿标准。也有许多学者对我国现有生态保护补偿政策的补偿标准进行了研究，并且发现我国生态保护补偿标准普遍存在补偿标准偏低、补偿标准“一刀切”的问题，导致了部分地区补偿不足或过度补偿的现象。

（5）生态保护补偿的方式

生态保护补偿的方式很多，按照不同分类依据有不同的生态保护补偿方式，总结起来大致有以下几种（表 2-4）。

表 2-4　常见生态保护补偿方式

分类依据	方式
补偿方式	资金补偿、实物补偿、政策补偿、项目补偿、智力补偿
补偿条块	纵向补偿、横向补偿、部门补偿
空间尺度	生态环境要素补偿、流域补偿、区域补偿、国际补偿
补偿效果	输血型补偿、造血型补偿
补偿主体和运作机制	政府补偿、市场补偿

从补偿方式来看，资金补偿通常通过政府财政转移支付、移民安置、环保基础设施建设、生态产业启动费用等方式进行；实物补偿通常是对补偿客体进行生活资料、生产资料补偿；政策补偿则是通过财政转移支付政策、引导居民外迁政策、生态产业扶持政策、产业结构调整的引导政策、教育培训优惠政策等对因生态环境保护而发展受限的地区或个人，在其他方面放宽政策使之均衡发展的方法；项目补偿是通过吸引一批经济回报高、污染小或者无污染的绿色低碳项目，实施新能源产业项目，适应生态要求，以弥补因环境治理而产生的损失；智力补偿又称技术补偿，是通过技术培训、技术指导、技术转让、技术示范等方式对人才、产业进行补偿的一种方式。从补偿效果上来看，资金补偿和实物补偿属于输血型补偿；而政策补偿、项目补偿和智力补偿则属于造血型补偿。

从补偿主体和运作机制来看，政府补偿是指以国家或上级政府为实施和补偿主体，以区域、下级政府或农牧民为补偿对象的补偿方式。政府补偿通常通过资金补偿、政策倾斜、项目实施、人才培训和技术投入等方式进行。而市场补偿，需要有明确的交易对象，如生态环境要素、生态环境服务功能、环境污染治理的绩效或配额等，主要通过市场交易或支付、公共支付、一对一支付、市场贸易或生态环境标记等方式进行。

补偿条块主要是通过条块关系来对生态保护补偿进行分类，如纵向补偿是通过中央政府对地方政府或省级政府对下级政府的纵向转移支付方式进行。横向补偿则发生在不同地区之间，通过同一层级或不同层级但无上下级关系政府之间的横向转移支付进行。

（6）社区参与生态保护补偿

社区参与是近几年来国际上在生态环境保护中采用的一种方法，它是以可持续发展理论、行为科学理论、社会学和经济学为基础，以经济激励、文化认同为机制，让社区群众通过各种形式参与生态保护与开发项目的决策、实施、评估和管理过程，将项目内化为社区群众的自觉要求和行动，提高项目的成效，降低管理的难度和避免外来文化与社区的各种经济、文化发展产生冲突。社区参与最重要的主体是社区居民；社区参与的客体是社区的各种事务；社区参与的心理动机是公共参与精神；社区参与的目标取向是社区发展和人的发展。

社区参与生态保护补偿就是在让生态环境服务的提供者住在生态保护区或周边的前提下，将国际上流行的社区参与方法与生态保护补偿方法结合，根据协商原则让居民参与生态资源的管理及根据公平原则参与生态资源利益的分配。与传统生态保护补偿模式相比，参与式生态保护补偿的特点如下：①社区居民是生态保护补偿的最大利益相关者；②强调社区居民参与的真实性与广泛性。

社区在参与生态保护补偿制度中，可以通过激励和合作机制，解决部分资金短缺的难题，一是在外界帮助下的社区从无到有逐步积累自己的资金用于生态保护补偿及社区发展，而不是长期依赖于外界的资助；二是社区居民的广泛参与使各方面的工作易得到广大群众的拥护和支持，从而降低管理成本。除此之外，社区居民世代相传的独特的资源利用、经营、管护经验和有关资源的丰富的传统文化知识对生态服务质量的保障有着不可替代的作用，有助于提高管理效率，真正实现经济效益、社会效益、生态效益的全面协调发展。

社区参与生态保护补偿的内容主要包括：①参与生态资源的管理决策。社区居民作为生态保护补偿最大的利益相关者，是保护区真正的主人，他们应该对有关生态保护区资源的维护和利用等事项的决策拥有发言权，这是他们的权利也是他们的责任。②参与生态资源的利益分配。首先，生态资源利益分配方案的制订应遵循公平原则，从广大社区居民的根本利益出发，并由政府、相关企事业单位及社区居民共同商定资源开发的利益分配方案；其次，可以按照社区居民的参与愿望和能力组织他们从事不同的活动，设立不同的利益分配机制，以满足全体社区居民的利益分配要求。③参与生态资源建设的监督。社区参与监督机制主要是建立地方政府、保护区管理机构和社区居民、相关企事业单位等众多利益相关者之间的互相监督机制，制定和完善相应的政策与措施。对于社区居民破坏生态环境的行为，地方政府及保护区管理机构有权予以惩戒，要求其纠正，直至追究其法律责任。而对于政府及保护区管理机构或企事业单位损害社区居民利益的任何决策及行动，社区居民有权提出控告，在必要时我国可赋予社区居民、相关组织提起公益诉讼的权利。

（7）生态保护补偿绩效考核

生态保护补偿绩效考核就是要验证受偿主体是否按照要求提供了相应的生态

系统服务或者实施了与该生态系统服务供给相关的行动。总体来看，生态保护补偿的绩效考核可分为基于活动类型的绩效考核和基于生态系统服务产出的绩效考核两大类。

基于活动类型的生态保护补偿绩效考核机制适用于生态系统服务难以直接监测或者生态系统服务受外部不确定性影响程度较大的情形。这种绩效考核方式也是针对农牧户等微观层面上的受偿主体进行绩效考核的主要方式，被广泛应用于我国的森林、草原、农业生态补偿等领域，如在生态公益林生态保护补偿中对农户的森林砍伐行为的监管，以及草原生态保护补助奖励机制中对牧民减畜情况、相关政策措施落实情况的监管等。农（牧）户的土地利用所产生的生态系统服务难以衡量，即使能够衡量往往也需要投入较大成本。因此，基于活动类型的绩效考核更具适用性。此外，由于生态系统服务供给往往受到多重因素的影响，农（牧）户的土地利用方式改变未必能够直接促进生态系统功能的改善。例如，牧区草场恢复除了需要牧民降低草场“超载”程度，还在很大程度上取决于该年份的降雨量。以草场质量为基础的生态系统服务供给考核会让牧户面临较大不确定性，如果牧户是风险厌恶的，就难以产生政策的激励作用。而基于活动类型的绩效考核方式更加简单直接，有利于乡镇、社区层面的管理。同时，作为一种针对农（牧）户努力程度的考核，可减少农（牧）户的风险，从而提升补偿机制效率。但基于活动类型的生态保护补偿绩效考核也存在其局限性。随着补偿主体和受偿主体之间的信息不对称程度增加，如果要实施基于活动类型的绩效考核机制，则会面临非常高的监督管理成本，导致整个绩效考核的效率降低，除了信息不对称的影响，基于活动类型的绩效考核往往会对受偿主体的活动类型进行明确限制，限制了生态系统服务供给的创新空间。而相关研究表明，相比于生态系统服务的使用者直接行使监督管理权，将监督管理权下放至本地组织，如社区和家庭，并提供相应的经济补贴，往往能够充分利用本地的文化、习俗、社会关系等非正式制度，起到激励和约束的作用，提高生态系统服务的供给效率。

相对于基于活动类型的生态保护补偿绩效考核，基于生态系统服务产出的生态保护补偿绩效考核属于最终表现的考核。该绩效考核方式是一种对受偿主体的直接考核，一般认为其具有更好的激励效果，能够有效应对补偿主体与受偿主体之间的信息不对称问题。由于受偿主体最终所获得补偿资金取决于相应生态环境指标的最终状况，能够激励其采取相应的措施以达到考核要求，避免信息隐藏等低效率行为的发生。此外，基于生态系统服务产出的生态保护补偿绩效考核为受偿主体的生态系统服务供给提供了足够的创新空间。受偿区域、社区或农户可以结合自身条件，充分发挥其在生态系统管理方面的知识和经验，以更为经济的方式实现预期生态系统服务的高效供给。基于生态系统服务产出的生态保护补偿绩效考核往往以一个或多个指标代表生态系统服务的供给情况。建立这种绩效考核机制的前提是明确界定生态保护补偿机制所希望获得的生态系统服务类型。当某项生态保护补偿政策所针对的生态系统服务比较明确和单一时，可以通过设定与该项生态系统服务功能高度相关的直接指标作为考核依据，这种指标与预期的生态系统服务之间扭曲程度较小。而当某项生态保护补偿政策所针对的生态系统服务功能相对复杂和多样化时，则往往需要多个指标或者构建指标体系来反映该区域的生态系统服务供给状况。此时，绩效考核的指标体系一般无法完全真实地反映生态系统服务实际状况，这种绩效考核指标造成的扭曲可能导致生态保护补偿机制的效率降低。更重要的是，生态系统服务产出往往受到许多因素的影响，仅以单一指标作为绩效考核依据，难以准确反映出受偿主体的努力程度，而如果以考核结果作为进一步激励的基础，则会导致受偿主体承担较大风险。

在国内相关研究案例中，针对单方面指标体系构建，有的学者对生态效益进行评价，也有学者从社会经济效益角度进行评价。多方面的绩效评估指标体系构建一般评价补偿政策在生态效益、经济效益与社会效益三方面的结果，指标多采用价值量进行衡量。在评价方法上，目前学界用来测量和评估绩效的方法主要有层次分析法、主成分分析法、数据包络分析法、模糊综合评判法及熵权法等。由于生态保护补偿政策具有地区差异性，不同省市依据本地实际情况采取不同的补偿政策，而且各区域的生态环境与生态系统所处地位不同，所提供与所承担的生态系统服务功能也不同，因此也有学者提出需针对具体地区进行绩效分析，这符合生态保护补偿空间异质性的要求，同时也凸显了该地的生态特性，按照每个类型区的特征确定不同的指标权重，以提高绩效评价的科学性。

2.4.2 国内生态保护补偿实践

1. 昆明市关于饮用水水源保护区生态保护补偿的实践

昆明市为保护辖区内集中式饮用水源地的生态环境状况，保障集中式饮用水源地群众的生产生活需求，一直积极探索建立生态保护补偿机制，出台了一系列有关生态保护补偿的政策措施。

（1）《昆明市松华坝、云龙水源保护区扶持补助办法》（2011 年）

从扶持补助对象来说，该办法对于松华坝水源保护区补助的是涉及水源保护区的各街道、社区中持有农村户口的居民，对于云龙水源保护区补助的是云龙水库径流区禄劝彝族苗族自治县的全部农业人口。

从扶持补助内容来看，主要分为生产扶持、生活补助、管理补助三大类。其中生产扶持除了包括退耕还林补助、“农改林”补助、清洁能源补助等资金补助，还从产业结构调整补助、劳动力转移技能培训补助等方面试图以转变生产方式、转移劳动力等方式以“造血”的方式提高生态补偿的可持续性。同时通过生态环境建设项目给予建设和运行管理经费补助，改善水源区环境。生活补助包括学生补助、能源补助和新型农村合作医疗补助，提高农民切身福利。管理补助包括护林人员工资补助、保洁人员工资补助和监督管理经费补助。

在扶持补助资金的拨付上，增加了监督考核机制。能源补助及管理经费补助资金与每年水质监测评价挂钩，以 2008 年、2009 年平均值为基数，年度水质与之相比划分为四个档次，相应扣减或增加补助资金的 5%、10%、15%、20%。监督管理经费、护林人员工资补助及保洁人员工资补助与年度管理考核挂钩。若生态保护补偿区域发生违法开垦、盗砍树木、向河道排污、在禁牧区放牧、卫生不达标等情况，每发现一次扣除管理经费 5000 ～ 15 000 元；如果被媒体曝光，每次扣减 20 000 ～ 50 000 元，直至追究行政领导责任。

（2）《昆明市促进市级重点水源区农村劳动力转移就业实施方案》（2015 年）

该方案的颁布主要是希望通过吸引劳动力转移就业的方式促进主城区集中式饮用水源保护区 50% 以上的居民转移进城，从而减小水源地保护的压力。在补偿对象方面，除了外出就业和去水源区外租地创业的居民，对吸纳重点水源保护区居民就业的在昆企业也有一定补助。对企业的补助主要是资金补助，对居民除了一次性的资金补助，还有技能培训、就业平台服务等福利。

（3）《昆明市主城饮用水源区扶持补助办法》（2016 年）

通过市级定额补助、以投代补等投入方式对主城饮用水源区保护工作给予适当补偿。同时，配套出台了《昆明市主城饮用水源区保护管理工作考核办法》，明确每年对五华区、盘龙区、西山区、晋宁区、禄劝彝族苗族自治县、寻甸回族彝族自治县及空港经济区管理委员会进行考核。考核内容为水质达标情况、原水供水量、政府对辖区内饮用水源保护区日常保护管理情况，其中水质达标情况 40 分，原水供水量 10 分，日常保护管理情况 50 分。

（4）《盘龙区松华坝饮用水源保护区扶持补助办法（试行）》（2017 年）

该办法主要在《昆明市主城饮用水源区扶持补助办法》基于定补资金的基础上，针对松华坝饮用水源保护区户籍居民及一级保护区核心区已搬迁居民（每种补助的享受范围和对象根据水源区具体情况略有不同）给予在校学生教育补助、移民生活补助、一级保护区核心区搬迁移民物管费补助、能源补助、医疗补助、低保扶持补助、残疾人补助及殡葬扶持补助。

2. 台州市长潭水库生态保护补偿实践

长潭水库，是台州市 300 万居民的饮用水源地，兼顾防洪、灌溉和发电等功能。

长潭水库库区涉及黄岩区两镇五乡下辖的177个行政村，大部分位于山区，土地面积超过黄岩区的一半，人口比重只有近20%，但经济发展水平相对滞后，其生产总值仅占全区生产总值的8%左右。库区90%以上的人口集聚在沿河500m和水库二级保护区范围内，对主要入库河流形成较大环境压力。为了保护长潭水库生态环境，同时平衡经济发展，台州市采取了一系列生态保护补偿的措施。

在2009年，台州市人民政府正式实施《台州市黄岩长潭水库库区生态补偿实施办法》，建立生态保护补偿专项资金，除了用于库区内生态建设、污染综合防治等基础设施建设，还有一部分补偿给民众参与大病医疗、养老保险。2016年台州市黄岩区人民政府印发《黄岩区水库移民专项资金项目扶持管理实施细则（暂行）》，将大中型水库移民后期扶持资金、大中型水库移民后期扶持结余资金（含创业致富资金、应急资金）和大中型水库库区基金及小型水库移民扶助基金等用于项目扶持的资金用于扶持有利于改善移民、库区和移民安置区生产生活条件的基础设施建设、生产开发、科技推广、创业增收等各类项目。移民专项资金扶持范围包括：①库区和移民安置区基本口粮田建设及水利设施配套项目；②库区和移民安置区农村饮水安全、沼气、交通、供电、通信广播等基础设施建设项目；③库区和移民安置区文化、教育、卫生、办公楼等社会事业设施建设项目；④库区和移民安置区生态建设和环境保护项目；⑤移民劳动力技能培训和职业教育项目；⑥库区和移民安置区有市场前景的种植业、养殖业、林业、畜牧业、渔业、旅游业、加工业、服务业等生产开发项目；⑦移民创业致富项目，如贷款贴息、电子商务、物业经济、来料加工等有利于移民和移民村增收的项目；⑧库区和移民安置区临时性、突发性的应急处置项目；⑨有利于库区和移民安置区经济社会发展的其他项目。

此外，黄岩区还成立了美丽经济发展领导小组，统筹经济发展相关事宜，并创新了运作模式，成立黄岩区美丽经济发展有限公司。采用PPP（政府和社会资本合作）市场化运作模式，统筹开发长潭水库区域可开发的旅游资源，通过项目补偿的方式，在保障库区生态安全的同时促进产业增收，增加民众收益。

3. 东江流域横向生态保护补偿

东江是珠江水系三大河流之一，发源于江西省赣州市境内。东江源区平均每年流入东江的水资源量约为29.2亿m^3，被称为珠江三角洲和香港4000余万民众的“生命之水”“经济之水”。为保障珠江三角洲、香港饮用水水源，同时平衡江西经济发展，江西、广东两省人民政府签署了《东江流域上下游横向生态补偿协议》。

《东江流域上下游横向生态补偿协议》补偿期限为3年（2016～2018年）。补偿资金额度为每年5亿元，其中中央财政出资3亿元，江西、广东两省各出资1

亿元，财政资金专项用于东江源头水污染防治和生态环境保护与建设工作。两省资金以水质考核为依据，江西省出境水质达到考核目标，广东省补偿江西省；若未达到考核目标，则江西省补偿广东省。考核目标为两省跨省界断面水质年均值达到III类标准并逐年改善，考核监测指标为《地表水环境质量标准》（GB 3838—2002）表 1 中的 pH、高锰酸盐指数、五日生化需氧量、氨氮、总磷 5 项；以东江流域江西、广东两省跨省界断面庙咀里和兴宁电站为考核监测断面。

为此，江西省制定了《东江流域上下游横向生态补偿监测方案》，赣州市出台了《赣州市东江流域生态补偿资金管理暂行办法》《赣州市东江流域生态补偿项目管理暂行办法》《赣州市东江流域县级水质考核管理暂行办法（试行）》等一系列办法，为推进东江源生态保护补偿工作提供了政策依据和制度保障；成立了东江源生态保护建设局，负责东江源区生态环境综合整治和生态保护补偿机制的目标确定、规划统筹、配套政策制定、任务分解下达、资金安排、工作督查、绩效评估考核等相关工作。

4. 青山垸社区参与模式下的生态保护补偿机制

青山垸坐落在湖南西洞庭湖国家级自然保护区，曾饱受旱涝灾害。1999 年退田还湖政策实施后，垸内有 5800 多人失去了土地，生计成为问题，非法及过度捕捞、猎鸟等严重干扰了鱼类洄游和鸟类栖息，不仅大大增加了自然保护区的工作压力，还加剧了农民与政府的冲突、农民与保护区的矛盾。在此案例中，湖南西洞庭湖国家级自然保护区青山垸可看作局限在特定范围内的一个社区，对鱼类和鸟类的保护可看作对生态系统服务的维护和改善。鱼类和鸟类可看作竞争性共有产权资源，因为一个成员的捕捞和猎鸟行为将减少其他成员对鱼类和鸟类的使用量，从而导致资源利用上的外部性。同时，由于社区内所有成员资格平等，其资源使用上的外部性是双向的，即每个成员集受益者与损失者于一身。为了使自然保护区内的农民都可以成为湿地保护的受益者，进而成为维护者，从而实现湿地保护的可持续发展，世界自然基金会（WWF）推动成立了由汉寿县林业局、畜牧兽医水产局、旅游局、公安局、环境保护局和水利局参加的共管领导小组，下设由西洞庭湖国家级自然保护区、蒋家嘴镇政府、洋淘湖镇政府、社区代表参加的共管委员会。共管委员会下设水产资源组、野生动物保护组、生态旅游组和环境检测组。以水产资源组的工作为例，共管委员会组织社区人员入股进行集体养殖捕捞，统一销售，按股分红，共同受益，相当于社区成员通过内部交易实现竞争性共有资源使用的外部效应内部化。社区参与的生态保护补偿为社区带来的直接经济效益是农渔民的收入增加，最初入股 1 万元的农户每年都可以得到 1 万～ 2 万元的收入。意识到生计改善与自然保护密不可分，当地农渔民自觉保护自然资源和景观的积极性有所提高，他们不仅自觉按章作业，还积极制止、举报违反自然保护区规章的行为。对自然保护区来讲，保护资金有所保障，巡护压力下降，巡护能力增强，从而使保护区的综合管理水平有所提高。保护区内的生态状况得到了不断改善，社区参与生态保护补偿实践的当年就有3万只水鸟返回垸区，其中有些是30年未见的鸟类。

5. 其他生态保护补偿案例

除上述所举的5个案例外，其他省、市、县或区域也开展了各种具有针对性的生态保护补偿工作，从不同角度给予本研究经验与借鉴。

在补偿方式方面，东阳市通过水权交易的模式向义乌市有偿转让横锦水库部分用水权，来进行生态保护补偿。德清县在生态保护补偿基金的筹措上，除投入县财政预算的100万外，再分别从全县水资源费中提取10%、在对河口水库水资源费中新增0.1元/t、从土地出让金县一级所得部分提取1%、从排污费中提取10%、从农业发展基金中提取5%共同组成生态保护补偿基金。把这些生态保护补偿基金纳入县财政专户管理，专门用于该县西部地区环保基础设施建设、生态公益林的补偿和管护、对河口水源的保护及对因保护西部环境而需关闭及外迁企业的补偿等。

在补偿范围方面，浙江省对钱塘江源头10个县（市、区）根据生态公益林、大中型水库、产业结构调整和环保基础设施建设等四大类因素进行考核，由当地根据自身生态环境保护重点安排使用生态保护补偿专项资金，并对钱塘江流域干流和流域面积在100km^{2}以上的一级支流源头所在的经济欠发达县（市、区）加大财政转移支付力度。

在补偿标准方面，江西省生态保护补偿采用因素法结合补偿系数，对流域生态保护补偿资金进行分配。其中，管理因素包括水环境质量、森林生态质量、水资源管理，补偿系数包括“五河一湖”及东江源头保护区、主体功能区、贫困地区补偿系数，通过设置不同权重系数决定补偿资金的多少。

在考核机制方面，上海市青浦区通过考核湿地保有量（40%）、湿地保护状况（20%）、湿地保护管理（30%）、湿地保护支出（10%），根据结果确立不同的考核等级系数（90～100分系数为1；80～89分系数为0.9；70～79分系数为0.8；60～69分系数为0.7；0～59分系数为0.5），以此来确定生态保护补偿资金的拨付。

2.4.3 国内现行生态保护补偿机制问题

经过近二十年的理论和实践探索，我国在生态保护补偿机制研究和应用方面都有了长足的进步，但在很多方面也依然存在不足。就目前我国生态保护补偿机制而言，以下几个方面是应该注意的问题。

（1）较多依赖政府作用，市场机制尚未发挥主导作用

由于所有制结构及市场经济体制建设不完善等，国内生态保护补偿机制的理论研究较少讨论市场机制的作用及如何发挥市场机制的作用。这种理论上的缺失在实践中则导致大多数生态保护补偿项目都单一地依靠来自政府的项目投入。虽然政府对生态保护补偿投入的资金不断增加，年度相关支出甚至已经超过 300 亿，但是仍然不能弥补巨大的资金缺口，而这个缺口还有不断扩大的趋势。这种资金的窘迫境地体现在生态保护补偿的方方面面，与我国每年巨大的慈善捐助资金形成了鲜明的对比。这些本来可以用于生态保护补偿的慈善资金很少流向生态保护补偿工作，其中的绝大部分捐款都被用于教育和扶贫。

（2）资金投入持续时间短，缺乏长期意识

我国生态保护补偿的资金问题不仅仅是额度不足，持续时间较短也在侧面加剧了生态保护补偿资金捉襟见肘的状况。而造成这一问题的原因与我国目前对生态保护补偿投入的方式紧密关联。由于资金来源渠道单一，主要依靠政府，而政府投资又多以生态环境保护和治理项目或工程的方式出现，因此这些项目和工程一旦达到目标，就必然以某种形式完结，这样就造成了生态保护补偿工作受限于这些项目或工程期限的状况。不仅如此，由于这些项目和工程期限的限制，很多项目和工程在实施过程中难以避免地出现短期行为，而这些短期行为又因为项目或工程的期限约束难以有效地得到监督和制约，最终导致这些项目和工程难以提高效率，还伴生了大量的浪费行为。

（3）生态资源成本被严重低估

由于生态保护补偿机制、资源定价机制及其他相关的制度建设滞后，我国目前的价格体系中存在着“环境无价、资源低价、商品高价”的异常现象。这种不合理的价格体系必然影响各市场经济主体对稀缺资源的优化配置，也因此导致了整体上的资源配置扭曲。在此基础之上，我国的经济发展也无可避免地走上了以牺牲环境为代价的发展模式。这种模式在短期内似乎是低成本的，但是长期来看其成本则远远高于目前的估算。因此改变目前的经济发展模式，根本在于构建合理的生态保护补偿机制、资源定价机制及其他相关的制度。

（4）利益主体不明，利益关系混乱

生态保护补偿的基本原理在于调整外部性，使外部性内部化，以及使生态资源的受益者支付适宜的价格。但是目前的情况是生态资源的利益分配存在明显的不公平，这种不公平既存在于生态资源的保护者与受益者之间，又存在于破坏者与受害者之间。这就使受益者以近乎无偿占有的方式享有生态资源带来的利益，而生态资源的提供者或保护者却没有得到应有的经济激励。破坏生态资源的个体

没有承担相应的外部成本，而生态环境恶化带来的伤害却由其他个体承担。外部性未能内部化，以及生态保护补偿不能完全实施所带来的经济利益关系的扭曲，不仅给我国的生态保护补偿带来了巨大的困难，还扰乱了各地区之间个体利益之间的协调。

第3章

生态保护补偿深圳市背景研究

3.1 深圳市重要生态功能区基本介绍

3.1.1 基本生态控制线

深圳市于2005年划定基本生态控制线，并实施“铁线”式管理，成为国内第一条以政府规章形式明确下来的城市生态控制线，为深圳市城市未来发展预留了更多的空间。为进一步提高全市生态线管理的精细度和可操作性，兼顾社会基层民生发展、公益性及市重大项目建设需求，深圳市在2007年启动并在2013年完成了对基本生态控制线的优化调整工作，调入生态线用地约1500hm^2，主要为山体林地和公园绿地，调出生态线用地约1500hm^2，主要为基本生态控制线划定前已建成的工业区、公益性及市重大项目建设用地；并于2013年6月印发了《深圳市人民政府关于进一步规范基本生态控制线管理的实施意见》，加强对基本生态控制线内建设活动的控制。2016年3月，深圳市再印发《深圳市人民政府关于进一步规范基本生态控制线管理的实施意见》，同时废止2013年6月20日印发的相关文件，严控线内建设活动，大力推动建设用地清退和生态修复，规范动态调整机制，建立健全共同管理机制，进一步规范基本生态控制线的管理工作。

基本生态控制线内主要包括：一级水源保护区、风景名胜区、自然保护区、集中成片的基本农田保护区、森林及郊野公园；坡度大于25%的山地、林地，以及特区内海拔超过50m、特区外海拔超过80m的高地；主干河流、水库及湿地；维护生态系统完整性的生态廊道和绿地；岛屿和具有生态保护价值的海滨陆域；其他需要进行基本生态控制的区域。基本生态控制线内亚热带特色动植物类群和植被类型丰富，线内区域覆盖深圳市所有重要动植物栖息地和繁衍地，并有大量国家级、省级保护动植物种群存活。生态线的划定，形成了一个完整的“生态网络”，贯通珠江三角洲西岸和香港的大型生态廊道，打造出深圳市的基本生态框架，连通各个栖息地，为动植物在其中的传播、迁徙、繁殖提供了基本保障，也保障了深圳市的生态功能和景观功能。目前，全市基本生态控制线内的区域面积为973.24km²，占全市总面积的48.74%。

3.1.2 饮用水水源保护区

深圳市从设市以来，一直按照《中华人民共和国水法》《中华人民共和国水污染防治法》等水源保护的相关法律法规开展饮用水水源保护工作。深圳市饮用水水源保护区于1992年初次划定，并经过1995年、2000年、2006年、2015年、2018年五次修编，目前全市共有26个饮用水水源保护区。饮用水水源保护区总面积363.01km²，其中一级保护区面积115.93km²，二级保护区面积138.93km²，准保护区面积108.15km²。全部26个水库型水源保护区的水域范围属于一级保护区，水质保护目标为Ⅱ类；其中除茜坑水库饮用水水源保护区以外的25个水库型水源保护区划分了二级保护区；东深供水—深圳水库、铁岗水库—石岩水库、西丽水库、赤坳水库、三洲田水库、东深供水—雁田水库等6个饮用水水源保护区划分了准保护区（表3-1）。

表3-1 深圳市饮用水水源保护区基本情况 （单位：km²）

序号	保护区名称	保护区面积	各级保护区面积		
			一级保护区	二级保护区	准保护区
1	东深供水—深圳水库饮用水水源保护区	57.98	6.48	30.66	20.84
2	铁岗水库—石岩水库饮用水水源保护区	106.81	25.26	19.78	61.77
3	西丽水库饮用水水源保护区	23.76	8.67	4.09	11.00
4	长岭陂水库饮用水水源保护区	7.97	3.37	4.60	—
5	梅林水库饮用水水源保护区	4.34	3.06	1.28	—
6	罗田水库饮用水水源保护区	8.35	3.63	4.72	—
7	茜坑水库饮用水水源保护区	4.43	4.43	—	—
8	松子坑水库饮用水水源保护区	4.70	4.57	0.13	—
9	赤坳水库饮用水水源保护区	15.87	3.65	9.53	2.69
10	三洲田水库饮用水水源保护区	7.52	2.52	1.20	3.80
11	清林径水库饮用水水源保护区	27.10	19.92	7.18	—
12	铜锣径水库饮用水水源保护区	5.75	2.14	3.61	—
13	龙口水库饮用水水源保护区	1.88	1.62	0.26	—
14	东深供水—雁田水库饮用水水源保护区	10.04	0.85	1.14	8.05
15	径心水库饮用水水源保护区	9.95	2.54	7.41	—
16	枫木浪水库饮用水水源保护区	4.83	1.68	3.15	—
17	打马坜水库饮用水水源保护区	5.01	1.76	3.25	—

续表

序号	保护区名称	保护区面积	各级保护区面积		
			一级保护区	二级保护区	准保护区
18	红花岭水库饮用水水源保护区	9.06	2.56	6.50	—
19	罗屋田水库饮用水水源保护区	8.39	1.34	7.05	—
20	鹅颈水库饮用水水源保护区	4.16	3.18	0.98	—
21	公明水库饮用水水源保护区	11.76	8.24	3.52	—
22	香车水库饮用水水源保护区	2.99	0.69	2.30	—
23	东涌水库饮用水水源保护区	9.40	1.42	7.98	—
24	洞梓水库饮用水水源保护区	2.74	0.79	1.95	—
25	岭澳水库饮用水水源保护区	3.05	0.90	2.15	—
26	大坑水库饮用水水源保护区	5.17	0.66	4.51	—

—表示无数据

另据调查统计，深圳市 26 个水库型饮用水水源保护区的流域内总人口超过 90 万人，其中深圳水库、西丽水库、铁岗水库、石岩水库四大“水缸”的人口合计超过 80 万人，约占总人口的 90%。

3.1.3　生态保护红线

按照山水林田湖草系统保护的要求和国家战略部署，深圳市一直积极推进生态保护红线的划定工作，以期通过实现一条红线管控重要生态空间，确保生态功能不降低、面积不减少、性质不改变，全面保护和改善自然生态环境，切实维护城市生态安全，为全面建成具有全球竞争力的国际化大都市提供强有力的生态环境保障。

红线划定过程中，统筹考虑自然生态系统整体性和完整性，将国家和省级自然保护区、风景名胜区、森林公园、湿地公园和一级水源保护区等禁止开发区，以及生态功能极重要区、生态环境极敏感区、其他重要保护地等，划入全市生态保护红线内。根据初步划定结果，目前全市划入红线内的区域面积共有 401.59km^2，受保护区域面积占全市总面积的比例达到 20% 以上，初步形成符合深圳市实际的生态保护红线区域空间分布格局，确保城市生态空间得到有效保护。

3.1.4　重要生态功能区管理模式比较

（1）概念内涵比较

从概念内涵来看，基本生态控制线、饮用水水源保护区和生态保护红线因提出的背景不同，存在本质上的差异。生态保护红线是维持维护城市与区域生态安全的底线，具有保护“最小生态空间”的刚性思维。基本生态控制线与城市开发边界控制线的关系十分密切，需要对未来城市发展空间进行预留或控制，在此基础上再划定生态空间边界，具有“反规划”思想。饮用水水源保护区是为防止饮用水水源地污染、保证水源地环境质量而划定，具有“特殊保护”的思维。生态保护红线和饮用水水源保护区是为了“保护”而保护，即为了保护某些区域而在外围划定必要的缓冲区域。城市生态控制线是为了“建设”而控制，即为了城市建设边界控制而划定不同的生态控制区域。

（2）行政管理及法律地位比较

从行政管理地位及法律地位来看，基本生态控制线是深圳市为保障城市基本生态安全，防止城市无序蔓延而划定的生态用地保护界线，是地方根据保护需要提出并建立的地方管理机制。基本生态控制线的调整需经市规划主管部门会同有关部门审核公示后，报市政府批准，属市一级的管控管理模式。饮用水水源保护区是国家对某些特别重要的饮用水水体加以特殊保护而划定的区域，其划定与调整主要由省级人民政府指导开展，属省一级的管控管理模式。生态保护红线是我国环境保护的重要制度创新，是推进生态文明建设的一项空间管控制度，国家法律层面明确提出划定生态保护红线，之后会建立相应的考核与责任追究机制。生态保护红线一经划定，如需调整，需要由省级政府组织论证，提出调整方案，经生态环境部、国家发展改革委会同有关部门提出审核意见后，报国务院批准。因此可以看出，生态保护红线的行政管理地位和法律地位都属国家级。

（3）管控要求的比较

从管控要求来看，基本生态控制线是为了保护生态环境不被破坏而设立的，但可以在经过环境影响评价和审批并落实相应环保措施下，进行一定的开发建设活动，属于限制开发的区域。饮用水水源保护区实行的是分级保护的管控措施，一级保护区内禁止开展与水源保护无关的项目，属禁止开发区域；二级保护区、准保护区内的开发建设活动可在环保措施落实的情况下，以不能影响饮用水安全为前提开展，属限制开发的区域。而生态保护红线一旦划定，就要求做到“生态功能不降低、面积不减少、性质不改变”，生态保护红线内的区域属于禁止开发的区域，管控要求更具有刚性。

（4）总结

总结基本生态控制线、饮用水水源保护区和生态保护红线三种重要生态功能区的管理模式，三类生态功能区管理规定中生态保护红线管理最为严格，管理级别最高，属于禁止开发的区域，管理权限为国家级，管理最具有刚性；基本生态控制线管理较为严格，仅能从事与生态保护相关的项目或建设重大工程，管理权限为市级，管理具有一定刚性；饮用水水源保护区采取分级管控，可以从事低环境影响的生产活动，管理程度相对较轻，保护区范围的划分与调整权限属省级，具体对比情况见表 3-2。

表 3-2　三种重要生态功能区管理模式对比

类别	管理权限	用地类型改变	管理措施	管理级别
基本生态控制线	市级	与生态环境保护相适宜的重大道路交通设施、市政公用设施、旅游设施、公园、现代农业、教育科研等项目	鼓励该范围内已建合法建筑物及构筑物，通过权益置换、异地统建等多种途径调出基本生态控制线；严厉查处基本生态控制线内违法建设行为	中等
饮用水水源保护区	省级	除了重点污染和有毒有害物质的排污单位及大型禽畜养殖场和屠宰的其他项目	项目单位排放废水必须达到相应总量控制指标或排放标准；禁止实施水土流失项目工程；有毒危险污染物需采取防渗漏措施和防事故应急措施	较高
生态保护红线	国家级	因国家重大基础设施、重大民生保障项目建设等需要调整的，由省级政府组织论证，提出调整方案，经生态环境部、国家发展改革委会同有关部门提出审核意见后，报国务院批准	原则上按禁止开发区域的要求进行管理。严禁不符合主体功能定位的各类开发活动，严禁任意改变用途，确保生态功能不降低、面积不减少、性质不改变	高

3.1.5　重要生态功能区存在问题分析

（1）基本生态控制线内社会经济与生态保护矛盾突出

在深圳市划定基本生态控制线之初，线内的建设用地布局分散，用地总面积为 75.39km^2，占基本生态控制线内总面积的 7.7%；各类建筑物约 4 万栋，总建筑面积达 30.83km^2，有相当数量的危房无法改建新建，经济发展和居民生活受到明显影响。与控制线管理冲突的建设用地面积约 41.9km^2，占建设用地总面积的 55.6%，以居住和工业用地为主，有些位于大型区域绿地和重要生态廊道之中；违法建设用地规模较大，约占建设用地总面积的 71%。相当数量划线前建成的社区和企业被划入基本生态控制线内，导致其发展出路全面受阻，线内许多企业因生态保护与管理的需要而陷入经营困境，厂房闲置，租金流失，集体经济收入严重下降，当地居民生活亦受到很大影响。近年来，基本生态控制线内建设用地面积不断增加，据统计，2017 年全年深圳市规划和自然资源局共发布各类涉占基本生态控制线的公示 174 项，平均每 2 天就有一则；2018 年 1 ～ 5 月，发布涉占公示 65 项，仍然保持非常高的频率。此前，已有约 450 余项涉占基本生态控制线的调整动作。这说明深圳市城市建设处于爆发期，众多工程正在“无奈”涉占基本生态控制线，线内土地不断遭到蚕食。

（2）饮用水水源保护区社会经济发展滞后

饮用水水源保护区的位置相对偏远，交通不畅，一般都处于城市经济梯度发展的末端。囿于保护政策的制约，饮用水水源保护区被限制发展甚至被列为一切建设工程的“禁地”，不仅许多产业和企业不能发展，住房及必要的基础设施建设亦被严格管控，而且许多保护区还曾经历了企业外迁、房屋拆除、作坊取缔等行动。即使是最为基础的农业生产，除禁止施用化肥农药之外，还需完成必要的退耕还林、退果还林任务。这导致深圳市水源保护区社会经济发展滞后，基础设施建设不足，居民生活水平不高。

（3）生态功能区域生态保护补偿诉求强烈

出于经济发展的需要，基本生态控制线与饮用水水源保护区内违规的经济活动及无序的毁林种果活动屡禁不止，非法排污及水土流失现象较为严重，生态环境质量受到一定的威胁。基本生态控制线内一些重要的生态廊道被大量厂房建筑占用阻塞，而且违法建设依旧顽强地存在，清拆行动困难。长期以来，环境管理以行政手段为主而忽略了问题产生的经济基础，客观上形成了“污染依旧存在、发展受到限制”的尴尬局面，社会经济发展和生态保护的矛盾未得到根本解决。因此，为了从根本上杜绝基本生态控制线及饮用水水源保护区内非法排污、违规开发建设等行为，需要借助异地建设、拆迁补偿等手段，强化补偿力度，加快生态功能区内环境整治进程。

3.2 深圳市生态保护补偿探索实践

3.2.1 大鹏新区生态保护补偿实践

大鹏新区又称大鹏半岛，位于深圳市东部，长期以来大鹏新区实施严格限制开发的政策，致使新区经济基础薄弱、各项基础设施建设落后、历史欠账较多，加上区域偏远，大鹏新区经济社会发展滞后于全市其他区，人均分红为全市最低；同时新区原村民因受经济发展滞后的限制，文化水平偏低造成就业难，在当前物价较高、增收渠道少等因素制约下，新区原村民的生活比较困难。考虑到大鹏半岛原村民为全市人民贡献了生态红利（森林覆盖率 76%），2007 年深圳市人民政府印发了《关于大鹏半岛保护与开发综合补偿办法》，明确通过转移支付方式，对大鹏半岛原村民发放生态保护专项基本生活补助。生态补助政策分两期实施，第一期从 2007 年 1 月 1 日起，至 2010 年 12 月 31 日止，标准为每人每月 500 元，每年平均发放生态补助金约 1 亿元；第二期从 2011 年 1 月 1 日起，至 2013 年 12 月 31 日止，每人每月 1000 元，每年平均发放补助资金 1.92 亿元。两期生态补助的核心内容框架并未发生太大变化，仅在享受生态补助的对象上进行了更明确的界定，对享受生态补助的人员需履行的责任和义务进行了更加明确的规定，对破坏生态环境、污染环境、违法抢建抢种、违反计划生育政策，以及不配合政府开展社会建设和管理工作的人员，制定更加详细的考核细则。

2015 年，大鹏新区在原生态补助机制的分析整合上，制定了《大鹏半岛社区生态补偿实施方案（代拟稿）》，印发实施《大鹏半岛生态保护专项补助考核和实施细则》。此外，市政府决定自 2014 年起按原有生态保护专项补助政策，继续向大鹏半岛原村民以每人每月 1000 元的标准发放生态保护专项补助。新的生态保护补偿模式是在现有“个人均享型”补助标准基础上，增加与社区绩效考核挂钩的补助金额，以各社区自然资源得分（20%）、人口资源得分（20%）、生态管护绩效考核得分（60%）三方面进行计算，分配相应的补偿金，强化社区的生态监管责任。

作为我国最早一批探索开展生态保护补偿的区域之一，大鹏半岛的生态保护补偿取得了一定实效。一方面促进了生态环境质量的持续提升，另一方面充分加强了辖区原村民生态保护责任感和调动了他们的积极性。目前，大鹏新区森林覆盖率达 76%，是全市森林平均覆盖率的 1.83 倍，空气质量指数（AQI）达到 48.75，PM2.5 年平均浓度保持在 20 ～ 30μg/m^3，近海水质超过国家Ⅱ类海水水质标准，是全市环境质量最好的区域。大鹏半岛原村民在享受政策所带来的实惠的同时，积极履行保护大鹏半岛生态环境的责任和义务，原村民通过自发组织，多次主动参与突发山火救援；通过巡查举报，协助政府及时消除了许多生态安全隐患的死角和盲区，成为政府处置突发事件、强化生态巡查管理的“机动队”和重要辅助力量。此外，新区将遏制违建行为与生态补助发放挂钩，有效惩罚了有抢建行为的原村民。

3.2.2 罗湖区生态保护补偿实践

深圳水库是深圳、香港两地最重要的饮用水库，供水占香港用水量的 70%，占深圳用水量的 40%，水库建成迄今已向香港供水 120 多亿立方米。水源的供给直接影响深圳、香港两地居民的正常生活和经济发展，是政治水、经济水、生命水。出于水源保护的需要，大望、梧桐山两个社区一直执行限制开发和维持现状的政策，经济发展停滞不前，村级收入远低于全市其他社区股份合作公司，片区原村民用牺牲经济利益换取深圳、香港 2000 万人的水源安全保障，对深圳、香港两地经济社会稳定做出了很大贡献。

为建立和完善深圳水库核心区（大望、梧桐山社区）生态环境保护长效机制，把生态保护专项补助政策与生态环境保护、总体规划实施、资源有序开发、现行政策落实有机结合起来，罗湖区政府2014年发布《深圳水库核心区（大望、梧桐山社区）生态保护补偿办法（试行）》，为大望、梧桐山两个片区的原村民发放生态保护补偿款，该办法于2016年12月31日到期。为鼓励大望、梧桐山片区原村民继续做好生态保护工作，推动片区可持续发展，罗湖区政府在广泛征集相关部门及社会公众意见的基础上对该办法进行修改完善，于2017年再印发《深圳水库核心区（大望、梧桐山社区）生态保护补偿办法（试行）》，进一步明确符合补偿条件的原村民身份认定，并适当扩大了补偿范围。新办法中，生态保护专项补助适用对象主要为罗湖区大望、梧桐山的原村民，生态保护专项补助发放标准为每人每月600元，补偿期限为3年，即从2017年1月1日起，至2019年12月31日止。新办法明确了考核机制，对生态保护不力及不配合政府开展社会建设和管理工作的人员，将取消、停发或扣减其生态保护专项补助，除此之外，还规定了相关街道办事处及社区工作站的职责、申报程序及争议处理机制。自新办法实施以来，生态保护补偿工作平稳有序开展，2017年度生态保护补偿款发放人数2527人，金额为1818.66万元；2018年度生态保护补偿款发放人数2520人，金额为1811.76万元。

3.2.3 宝安区生态保护补偿实践

自2013年开始，宝安区针对铁岗水库—石岩水库（以下简称“铁石水库”）水源保护区开展了相关补助，2017年为了引导扶持股份公司健康稳定发展、促进社区集体经济转型升级，宝安区政府印发了《宝安区扶持股份合作公司发展专项资金管理办法（2017年修订）》，将原先涉及生态保护补偿的工作一并纳入其中。

补助内容具体为：①对水源保护区社区原村民按区扶持困难社区原村民社保缴费总额50%给予补助；②水源保护区社区土地在一级水源保护区的，原则上按每年75万元/km^2的标准给予补助；在二级水源保护区的，按每年45万元/km^2的标准给予补助；在准水源保护区的，按每年30万元/km^2的标准给予补助。对于公司所在社区或居民小组辖区面积100%在水源保护区内的社区股份合作公司，以社区现有原村民人数为基数，人均补助不足每年6000元的，按每人每年6000元给予补助；③针对铁石水库移民的子女，凡就读宝安区公立高中、中职的，一律免费；就读私立及区外高中、中职，并且收费高于宝安区公立学校的，按宝安区公立学校标准报销；低于宝安区公立学校收费的，实报实销。从宝安区国有资产监督管理局了解到，目前每年投入总额为6500万～7000万元。

从上述补偿方案不难发现存在以下几个问题：①结合深圳市物价水平来看，

各区生态保护补偿标准偏低，在调研走访过程中的确也存在原村民对补助标准不满意的情况，生态保护补偿的边际效应较低；②补偿方式单一，采用的是政府补偿主导下的资金补偿，补偿费用全部来自政府部门，市场化程度不够，影响生态保护补偿的可持续性；③缺乏对全区生态保护补偿实施整体情况的绩效评估体系；④缺乏生态保护补偿考核制度体系，不能将生态保护成效与生态保护补偿金额有效挂钩。

3.3 深圳市开展多元化生态保护补偿的必要性分析

国家在近年出台的规划纲要中，重点提出了主体功能区规划的战略。各个功能区域的发展情形不同，对环境资源的消耗差异较大。对于限制和禁止开发区，为保障生态资源不被破坏和生态环境的良性循环，放弃了该区域的开发进程，调整了向城市化和工业化的发展方向，造成的结果就是在生态环境保护中该区域承担了巨大的直接成本和机会成本，却无法因所提供的生态系统服务而获益，从而陷入与优化和重点开发区的经济水平发展差距越来越大的窘境，使主体功能区建设成为一项有失“公平”的“非帕累托改进”。例如，深圳市基本生态控制线内的企业，由于实施严格的建设控制与管理，不能办理工商登记、年审手续，因此经营困难，社区集体经济和居民利益不同程度地受损，严重影响了线内居民生活和社区经济发展。因此，为保障主体功能区战略有效实施，需要建立合理的利益均衡机制，对禁止开发区和限制开发区进行一定的援助，作为对该开发区域保护环境的补偿，这样才能拉近各个区域之间的距离，保证整个生态建设区的平衡，保证居民享有平等的服务和权利。生态保护补偿机制就是这样的一种协调社会发展的制度，将其应用于生态保护中，可以缓解生态环境保护与经济发展的矛盾，均衡限制开发区域或禁止开发区域在生态保护和资源开发利用过程中的付出和收益，减少矛盾冲突，实现社会经济发展和生态环境保护的双赢。

2007 年，深圳市开始开展生态保护补偿研究工作，在大鹏新区、罗湖区、宝安区开展的生态保护补偿实践取得了较好的成效。但在实践过程中，也发现不少问题。通过总结过往经验，我们研究发现在深圳市开展多元化生态保护补偿至少可以带来 3 个方面的成效。

（1）消除生态权益不公平带来的负面影响

经济发展和环境保护的矛盾是一对现实存在的矛盾，为了保障大部分人的生态权益，生态环境保护者牺牲了许多发展机会和经济利益，导致环境利益及其相关的经济利益在保护者、受益者之间的不公平分配，使得受益者无偿占有环境利益，保护者却得不到应有的经济回报。这种“生态权益的不公平”带来发展水平差异的对比，特别是与周边经济发展较好区域存在巨大反差的情况下，群众思想落差越来越大，矛盾逐渐呈现且日益加深。对于深圳市来说，这种矛盾更加明显，辖区重要生态功能区与无发展限制条件区域仅“一墙之隔”，发展差异却尤为明显，长期的“生态不公平”不仅导致收入差距越来越大，还给社会发展及政府管理带来诸多不稳定因素，如群体上访事件、生态环境破坏风险等。多元化生态保护补偿机制的建立，从利益均衡的角度调整了相关利益主体环境利益及其经济利益的分配，减弱了“生态不公平”的负面影响，降低了诱发社会不稳定的阈值，成为化解社会矛盾、实现社会和谐的助推器。

（2）避免短期激励的不可持续，提高政府资金使用效率

本研究针对深圳市这一经济高度发达地区，设计了不同于全国其他地区的一种多元化的生态保护补偿模式。这种模式在信托基金的架构下，从以往以资金补偿为主要手段的生态保护补偿模式转变为以社会福利补偿为主、资金补偿为辅的生态保护补偿模式。通过这种模式，以较小部分的资金撬动大量社会资本，产生社会效益。对于政府来说，一是缓解了财政压力，增强了补偿资金的长期可持续性，二是提高了资金使用效率，在以往以资金补偿为主要手段的生态保护补偿模式下，原村民往往对补偿资金的额度产生不满，尤其是在深圳市这种经济发展条件较好、物价较高的地区，微薄的补偿金对于原村民生活的改善如同杯水车薪，生态保护补偿资金并未发挥其应有的效用。而在本研究构建的补偿模式下，通过提高社会福利、基础设施建设及项目扶持，以较少的资金为原村民带来了生活品质的提升，能大大提高原村民对于补偿政策的满意度，从而提高资金使用效率。而对于原村民来说，这种补偿方式也给予了其生活发展的出路，满足了其对于发展及生活改善的诉求，同时间接减少了社会不稳定因素。

（3）提高整个社会的参与度

本研究设计的生态保护补偿模式，在资金筹措上，采取政府与社会资本共同成立信托基金的方式；在补偿内容中，设计个人、企业、社区、家庭全民参与的激励性补偿模式，使得生态保护补偿的开展实施全过程都有社会力量参与。从社会资本参与的角度来说，生态保护补偿资金调动了资本参与生态保护补偿项目的积极性，社会资本参与度的提高可以通过社会资本带动社会公众对于生态环境保护意识的提高，且增强市场对于生态保护补偿的调控，达到利益均衡的目的。从全民参与生态保护补偿模式的角度来说，通过这一形式，激发公众自觉参与生态保护的热情，使大众充分了解生态保护的重要性，提高社会生态环境保护的参与度。

第4章

深圳市多元化生态保护补偿模式研究

4.1 补偿依据

深圳市生态保护补偿模式的确定主要依据目前国内普遍认可的“受益者（使用者）或破坏者支付，保护者或受害者被补偿”的基本思路。

受益者（使用者）付费原则——指环境保护行为的受益方应当补偿行为人因从事环境保护所产生的费用或损失的经济发展机会。从生态资源公共物品属性的角度看，生态资源属于公共资源，具有稀缺性，应该按照受益者（使用者）付费原则，由生态环境资源占用者向国家或公众利益代表提供补偿。

破坏者付费原则——主要针对行为主体对公益性的生态环境产生不良影响，从而导致生态系统服务功能退化的行为进行的补偿，这一原则适用于区域性生态问题责任的确定。

保护者被补偿原则——指对于生态建设的保护做出贡献的集体和个人，对其投入的直接成本和丧失的机会成本应给予补偿和奖励。

受害者被补偿原则——主要针对因生态破坏自身利益受到损害的受害者，需用经济手段为主的手段来进行补偿，调节相关者利益关系。

4.2 补偿主客体

4.2.1 补偿主体

1. 利益相关者分析

根据“受益者（使用者）或破坏者支付”的补偿原则，进行利益相关者识别，在重要生态功能区的生态保护补偿中，主要的获利者为深圳市政府、各区政府及使用或享受了生态资源红利的居民。企业在生产经营过程中不可避免地要使用自然资源，利用生态环境，同时对外排放废弃物，所以就成为生态环境的破坏者。

深圳市政府是生态功能区的启动主体，也是宏观的实施主体。生态功能区事关区域生态安全，政府作为公共事权的责任者，担负着社会管理的职责，同时政府具有特殊的经济职能和地位，具有政策的制定权，通过宏观的政策规划与引导，实施生态功能区生态保护补偿。此外，生态服务功能的公共物品特性，决定了其产权界定成本高，也决定了政府是最具有强权属性的利益相关者。

区政府是市政府具体制度的执行机构，一方面要寻求发展地方经济而获得财政收入，另一方面也要代替上级政府执行具体的保护政策。具体来说，区政府主要负责辖区范围内由上级政府分工的有关生态功能区保护、生态环境修复和生态环境污染治理等活动，然而生态保护降低了区域土地的开发总量，抑制了产业结构转变和经济发展，反过来区域经济发展内在驱动及地方财政增收的外在需求又减小了生态保护的力度，因此区政府是生态保护补偿利益相关者的核心，对上承担着区域保护与发展的双重任务，对下肩负着城市开发建设与居民生活水平提升的使命。

当前自然环境所接收的污染物中，大约有 80% 来自企业，因此企业是环境污染的主要污染源，那么企业就应当承担起治理和恢复环境的责任，对遭到污染的生态环境进行治理，对遭到破坏的自然资源进行恢复，对持续性保护环境资源等行为发生的必要的、合理的支出进行支付。在环境污染治理与自然资源恢复方面，当前已有的排污收费主要用于治理污染源，减轻或消除对生态环境的影响和破坏，是一种有意识破坏的经济支付。

享受了生态资源红利的居民也是生态资源的获利者。居民是生态环境的使用者和自然资源的使用者，如使用干净的饮用水和享受生态资源气候调节、休闲游憩等服务，这些体现在居民生活、经营活动中产生的外部不经济性行为。但在享受了生态资源红利的居民中，有部分又承担了保护生态环境的职责，成为生态环境的保护者，因此这部分居民具有双重身份。

除此之外，社会组织作为纯粹的环境公益组织，也可以作为主要的利益相关者。

2. 补偿主体的确定

依照生态保护补偿利益相关者分析和生态保护补偿主客体理论，补偿主体可以是政府、公民、企业，也可以是非营利性的公益事业组织。从当前国内外生态保护补偿的成功案例来看，政府在生态保护补偿落实的过程中起到至关重要的作用，甚至决定了生态保护补偿工作的成败。政府作为主导者，可以为生态保护补偿工作制定相应的法律法规，有利于生态保护补偿工作的宏观调控，对生态保护补偿的机制和资金来源起到一定的保障作用。目前，我国已基本形成了以政府为主导、以中央的财政转移支付和财政补贴为主要筹资渠道、以重大生态保护和建设工程及其配套措施为主要形式、以各级政府为实施主体的生态保护补偿总体框架，特别是现阶段在国内生态环保市场化机制仍在起步探索阶段的情况下，政府仍然是权衡之下较为有利的主体选择对象。

但政府的资金毕竟是有限的，生态保护补偿仅靠政府的财政资金投入是杯水车薪，容易导致生态保护补偿的资金投入严重不足、补偿渠道和方式较单一、补偿持续性不够等问题，特别是在深圳市经济发展程度较高、居民人均收入水平较高的情况下，单一、短期的生态保护补偿方式无法最大限度地调动公众对生态保护的积极性，在导致原村民对生态保护补偿政策满意度不高的同时也影响了生态保护补偿资金的使用效率。2018 年 12 月，国家发展改革委、财政部、自然资源部等九部门联合印发《建立市场化、多元化生态保护补偿机制行动计划》，指出“到 2020 年，市场化、多元化生态保护补偿机制初步建立，全社会参与生态保护的积极性有效提升，受益者付费、保护者得到合理补偿的政策环境初步形成”，以期通过多种方式促进生态保护补偿长效机制的形成。深圳市作为改革开放的排头兵和试验田，坚持不懈地推进市场化，目前市场化程度已达到较高水平，有条件创新体制机制，引入第三方加入生态保护补偿主体，探索建立多元化生态保护补偿机制。因此，社会组织及企业同样是较为有利的主体选择对象。

基于以上分析，本研究中生态保护补偿主体确立为深圳市政府、各区政府、社会组织及企业。

4.2.2　补偿客体

1. 补偿范围划定

深圳市辖区内共有 74 个街道 644 个社区。深圳市生态补偿的重点区域是重要生态功能区，因此主要根据基本生态控制线、饮用水水源一级和二级保护区与生态保护红线范围（生态保护红线全域位于基本生态控制线之内）确定列入生态补偿的生态保护区地理空间，并基于区域管理制度与行政职能划分，根据生态保护区空间分布划定列入生态补偿的社区范围。

（1）基本生态控制线

深圳市在基本生态控制线内的区域面积共 973.24km^2，占全市总面积的 48.74%。根据 GIS 空间分析，辖区 644 个社区中，301 个社区内含有基本生态控制线，基本生态控制线面积为 0.001 ～ 25.16km^2，占比为 0.04% ～ 100%。其中，共有 129 个社区基本生态控制线面积占比高于全市水平（48.74%）。

（2）饮用水水源保护区

深圳市饮用水水源保护区面积共363.01km²，占全市总面积的18.18%，其中一级保护区面积为115.93km²，二级保护区面积为138.93km²，准保护区面积为108.15km²。根据GIS空间分析，辖区644个社区中，93个社区内含有饮用水水源保护区，面积为0.001～32.73km²，占比为0.04%～100%。其中，共有43个社区饮用水水源保护区面积占比高于全市水平（18.18%）。

（3）生态补偿范围划定

生态补偿地理范围的确定，首先根据GIS空间分析，将深圳市基本生态控制线及饮用水水源一级、二级保护区进行叠加，发现两类重要生态功能区在空间范围上有一定的重合。因此，将两类区域合并，确定生态补偿的地理范围为基本生态控制线加上饮用水水源一级、二级保护区区域，根据叠加分析，深圳市644个社区中含重要生态功能区的社区共301个，占社区总数的46.7%，面积为0.001～32.73km²，占比为0.04%～100%，其中宝安区的罗租社区、龙岗区的樟树布社区、罗湖区的大望社区等23个社区生态功能区面积占比达100%。由于占比跨度极大，基于生态公平、区域发展空间均衡及生态补偿可行性的考虑，我们选取生态功能区面积占比超过全市水平（51.16%）的135个社区纳入深圳市生态补偿范围。

2. 原村民在生态保护补偿中的定位分析

生态保护补偿的目的是保护生态环境、促进人与自然和谐发展，为此，必须把经济目标和生态目标综合起来考虑。对于靠山吃山、靠水吃水、世代居住在生态功能区的原村民来说，生态功能区与他们的生活、生产息息相关，他们是生态保护补偿中最大的利益相关者，是生态保护补偿的重要受偿主体，也是生态功能区生态保护补偿的微观实施主体。原村民是生态保护补偿的受益者，同时也是生态环境保护的“监督员”“守护者”，是生态资源的协管员，有积极参与生态环境保护的责任和义务。其行为策略将直接决定生态保护补偿实施效果，同时其行为策略的选择与地方政府的行为密切关联。因此，在生态保护补偿模式的设计上要以原村民的根本利益为出发点，使其真正地参与生态资源建设与保护的实践，并能从中获得一定的经济利益、人文关怀、个人荣誉感等。改变原村民作为生态保护补偿实施主体在其中相对被动的局面，激发其保护生态环境的积极性，真正实现生态环境建设与社会同步发展，实现原村民利益补偿与生态环境保护的双赢。

基于此，我们以工业经济高度发达的宝安区为例，对划定生态保护补偿范围内的原村民进行了调研与座谈调查，针对原村民当前的就业与收入状况、居住与健康状况、生态保护补偿的诉求、原村民生态保护的意愿与问题等方面进行深入了解，各社区原村民具体情况如表 4-1 所示。可以看出，宝安区原村民整体人均收入高于全区平均水平，收入来源方式主要为物业出租、股份公司分红、餐饮、旅游等，居住环境和健康状况良好。但此次调研发现，各社区发展不平衡，石岩街道各社区原村民收入相对较低，对生态保护补偿的需求也更为迫切。

表 4-1 宝安区重要生态功能区原村民基本情况概览

序号	街道	社区	人均收入/(万元/a)	原村民人口/人	收入来源	居住与健康状况	生态保护补偿诉求
1	福永街道	凤凰社区	8.5	2187	凤凰古村旅游业收入、物业出租等	居住环境与健康状况良好	①希望对已被列为不可开发用地上的原村民给予政策上的补偿；②希望在规划不可开发用地时与社区居民进行沟通和协调
2	航城街道	九围社区	4.2	620	股份公司就业、物业出租、餐饮等	居住环境较差，健康状况良好	希望给予政策倾斜、城市更新项目上的补偿，缓解区域发展难的问题
3	航城街道	黄麻布社区	5.0	1375	股份公司就业、物业出租、餐饮等	居住环境较差，健康状况良好	希望给予政策倾斜、城市更新项目上的补偿，缓解区域发展难的问题
4	航城街道	利锦社区	—	—	—	—	目前该社区内均为商品房小区，已无原村民物业等
5	石岩街道	塘头社区	2.0	510	办企业、工厂就业、物业出租、餐饮	居住环境较差	①希望提高现有补助标准和社保补助比例；②希望给予就业上的政策倾斜；③希望减少厂房招商引资的限制
6	石岩街道	龙腾社区	收入水平较低	3515	办企业、工厂就业、餐饮	居住环境较差	①希望持续享受补偿，提高补助标准；②希望给予股份公司项目申请政策上的倾斜；③希望减少厂房招商引资的限制
7	石岩街道	应人石社区	3.5	469	物业出租、工厂就业	居住环境较差，基础设施不完善	①希望加强社区道路、绿化等基础公共设施建设；②目前社区只有一个学校，也面临拆迁，往后子女上学比较困难，希望提供一些教育上的扶持；③希望在创业上提供一些相关政策补贴；④希望每月有生活补助

续表

序号	街道	社区	人均收入/(万元/a)	原村民人口/人	收入来源	居住与健康状况	生态保护补偿诉求
8	石岩街道	浪心社区	收入水平较低	631	物业出租、工厂就业	居住环境较差	①希望给予一些城市更新方面的项目；②希望子女教育方面能给原村民一些入学上的倾斜；③希望给予每个股份公司1～2个“造血”型项目，创造经济收入，让原村民可以自力更生
9		罗租社区	收入水平较低	1186	工厂就业、单位就业、保安	居住环境较差	①希望享受补偿；②希望对原村民子女就业提供一些实习、培训机会及倾斜政策
10		水田社区	收入水平较低	927	办企业、工厂就业、餐饮	居住环境较差	①水源保护区希望享受生态补偿；②希望给予原村民子女教育方面的补助
11		官田社区	收入水平较低	2036	办企业、工厂就业、餐饮	居住环境较差	水源保护区希望享受补偿
12		石龙社区	收入水平较低	430	物业出租	居住环境较差	希望享受补偿
13	西乡街道	富华社区	—	—	—	—	目前该社区内均为商品房小区，已无原村民物业等
14		臣田社区	5.4	560	股份公司、企业、工厂就业	居住环境及健康状况较好	希望给予一些土地方面的补偿
15	新安街道	布心社区	收入水平一般	—	办企业、工厂就业、餐饮	居住环境及健康状况较好	希望给予一些土地方面的补偿
16	新桥街道	黄埔社区	10.0	2000	办企业就业及物业出租	目前居住在原村的原村民已较少	可以有适当的补偿
17	燕罗街道	罗田社区	—	1391	工作站务工、股份公司务工	居住环境一般	可以有适当的补偿
18		塘下涌社区	—	1840	房屋收租，老虎坑垃圾焚烧场补助	居住环境一般	可以有适当的补偿
19		洪桥头社区	—	450	房屋收租、分红、企业就业	居住环境一般	可以有适当的补偿

—表示无数据

综合各社区原村民的调研情况来看，由于重要生态功能区内原村民情况及受限程度不同，诉求也不尽相同。例如，燕罗街道的罗田社区、塘下涌社区、洪桥头社区及新桥街道的黄埔社区，区域工业企业较少、原村集体用地在 20 世纪 80 年代早已征转为国有，许多原村民已不居住在功能区内，生态保护补偿诉求较少。而福永街道的凤凰社区，虽处于基本生态控制线内，但依托凤凰山及凤凰古村发展了旅游业，原村民依靠旅游业收入生活水平普遍较高，对生态保护补偿诉求也不是很强烈。新安街道、西乡街道、航城街道下辖社区对生态保护补偿的诉求主要为政策倾斜、土地返还及项目扶持等“造血”型补偿，对于仅靠资金补偿的生态保护补偿模式接受度不高。石岩街道由于大部分区域处于饮用水水源保护区、基本生态控制线重叠区域，受限较多，生活水平相对较低，原村民生态保护补偿诉求为在延续并提高现有补助的基础上，给予教育、就业政策倾斜，加大基础设施建设，同时为每个股份公司扶持 1 ～ 2 个“造血”型项目。综合整个宝安区重要生态功能区原村民基本生活情况及诉求，结合深圳市及宝安区经济发展状况和生活水平来看，对于解决现阶段原村民发展与环境保护之间矛盾的主要方向是在进行适当经济补助的同时，优化原村民生活环境，最核心的是授之以渔，给予一些项目上的扶持及政策上的倾斜，给受限制无法发展的原村民提供发展的出路。

通过交流座谈，总结原村民目前面临的问题主要有以下几点：①由于水源保护区建设带来的土地征转，集体用地持续减少，部分村由于位于基本生态控制线内，拆迁赔偿款较低，既没有返还用地，也无法进行城市更新，限制了发展，影响了居民利益；②水源保护区和基本生态控制线重叠区域的厂房引入企业环保限制较多，很多散乱污危企业被清退后，由于厂房破旧无法翻新，招租困难，无法吸引高端、环保企业入驻，尚存的一些工厂，由于政策限制，设备亦无法更新，带来恶性循环；③原村民现有补偿标准偏低，缺乏有效的考核激励机制；④部分饮用水水源保护区内社区道路、绿化、学校等基础建设较为落后，原村民居住环境欠佳；⑤部分原村民教育、就业存在困难，学位、就业岗位缺口较大。

3. 社区在生态保护补偿中的定位分析

生态保护补偿其实是相关利益群体的一种协调机制，其根本目的是调节生态保护背后相关利益者的经济利益关系，在生态保护补偿中相关群体提供生态系统服务的积极性关系到生态建设的成败。社区是原村民的最直接管理机构，对辖区内的原村民最具有监管和组织能力。因此，为了使生态保护行为得到更有力的监管，就必须改变传统生态保护补偿中由政府直接对接原村民的模式，强化社区在生态保护补偿中的基础作用，让社区成为原村民参与生态保护补偿的引导者、组织者，使得社区在执行全体居民的共同决议、维护社区共同利益的同时，科学有序地引导社区居民参与生态保护建设，起到政府与原村民之间的桥梁作用。

基于此，我们对划入生态保护补偿范围内的各街道及社区进行了调研。调研中发现，目前深圳市原村民大多以持股的形式由村股份合作公司进行组织管理，因此社区可以通过对接股份公司进行补偿人数的核定及利益分配。同时，社区还应在日常生活中对原村民的行为进行监督管理，对于生态保护补偿的落实情况、原村民的诉求等也可以及时向所属街道进行沟通、汇报。

4. 补偿客体确定

根据深圳市生态补偿范围的划定及原村民、社区在生态补偿中的定位分析与实际情况调查，确定重要生态功能区生态补偿的补偿对象为划定的135个生态功能区域面积占比超过全市水平（51.16%）的社区中的原村民。

4.3 补偿标准

4.3.1 补偿标准计算方法

目前，对于生态保护补偿标准一般参照以下4个方面的价值进行初步核算：①生态保护成本；②生态受益者的获利；③生态破坏的恢复成本；④生态系统服务的价值。

（1）按生态保护成本计算

生态保护者为了保护生态环境，投入的人力、物力和财力应纳入补偿标准的计算之中。同时，由于生态保护者要保护生态环境，牺牲了部分的发展权，这一部分机会成本也应纳入补偿标准的计算之中。从理论上讲，生态保护的直接投入与机会成本之和应该是生态补偿的最低标准。

（2）按生态受益者的获利计算

生态受益者没有为自身所享有的产品和服务付费，使得生态保护者的保护行为没有得到应有的回报，产生了正外部性。为使生态保护的这部分正外部性内部化，需要生态受益者向生态保护者支付这部分费用。因此，可通过产品或服务的市场交易价格和交易量来计算补偿的标准。通过市场交易来确定补偿标准简单易行，同时有利于激励生态保护者采用新的技术来降低生态保护的成本，促使生态保护的不断发展。

（3）按生态破坏的恢复成本计算

资源开发活动会造成一定范围内的植被破坏、水土流失、水资源破坏、生物多样性减少等，直接影响区域的水源涵养、水土保持、景观美化、气候调节、生物供养等生态服务功能，减少了社会福利。因此，按照谁破坏、谁恢复的原则，需要将环境治理与生态恢复的成本核算作为生态保护补偿标准的参考。

（4）按生态系统服务的价值计算

生态系统服务价值评估主要是针对生态保护或者环境友好型的生产经营方式所产生的水土保持、水源涵养、气候调节、生物多样性维护、景观美化等生态系统服务价值进行综合评估与核算。国内外已经对相关的评估方法进行了大量的研究。就目前的实际情况而言，由于在采用的指标、价值的估算等方面尚缺乏统一的标准，且在生态系统服务功能与现实的补偿能力方面有较大的差距，因此，一般按照生态系统服务功能计算出的补偿标准只能作为补偿的参考和理论上限值。

4.3.2　补偿标准的确定

综合以上 4 种计算方法的优缺点，参考国内外生态补偿的研究、实践案例，综合考虑生态保护投入成本、生态系统服务价值及基础数据的可获取性、科学性，本研究选择以生态保护者的直接投入和机会成本作为生态补偿总资金的下限，将生态系统服务价值作为上限，并给出中间建议值，为生态补偿标准的设定提供参考。

1. 生态系统服务价值核算

（1）基于单位面积价值当量因子的生态系统服务价值化方法

虽然国内外就生态系统服务价值的评估方法开展了大量的研究工作，但尚未形成一套统一的评估体系，方法的不同也导致研究结果之间存在较大差异，从而限制了对生态系统服务功能及其价值的客观认知。目前，生态系统服务价值核算可以大致分为两类，即基于单位服务功能价值的方法（以下简称“功能价值法”）和基于单位面积价值当量因子的方法（以下简称“当量因子法”）。功能价值法即基于生态系统服务功能量的多少和功能量的单位价值得到总价值，该方法通过建立单一服务功能与局部生态环境变量之间的生产方程来模拟小区域的生态系统服务功能。但是该方法的输入参数较多、计算过程较为复杂，更为重要的是对每种服务价值的评价方法和参数标准也难以统一。当量因子法是在区分不同种类生态系统服务功能的基础上，基于可量化的标准构建不同类型生态系统各种服务功能的价值当量，然后结合生态系统的分布面积进行评估。相对功能价值法而言，当量因子法较为直观易用，数据需求少，特别适用于区域和全球尺度生态系统服务价值的评估。考虑到深圳市没有农村，全部区域均属于建成区，生态功能区内或多或少仍存在人为扰动，人为活动造成自然资源存在较大的空间异质性，且为便于后期管理，生态补偿的生态系统服务价值计算方法过程需要清晰、简洁。因此，本研究选取了谢高地等（2015）构建的基于单位面积价值当量因子的生态系统服务价值化的计算方法。

单位面积生态系统服务价值的基础当量是指不同类型生态系统单位面积上各类服务功能年均价值当量（以下简称“基础当量”）。基础当量体现了不同生态系统及其各类生态系统服务功能在全国范围内的年均价值量，也是合理构建表征生态系统服务价值区域空间差异和时间动态变化的动态当量表的前提和基础。谢高地等（2015）根据中国民众和决策者对生态服务的理解状况，在Costanza等（1997）建立的生态服务类型的基础上，将生态服务重新划分为食物生产、原材料生产、景观愉悦、气体调节、气候调节、水源涵养、土壤形成与保持、废物处理、生物多样性维持共9项，并就森林、草地、农田、湿地、水域和荒漠6类生态系统的9类生态系统服务价值相对于农田食物生产价值的重要性（当量因子）进行中国生态系统单位面积生态系统服务价值当量调查。在此基础上，通过系统收集和梳理国内已发表的以功能价值法为主的生态系统服务价值评价研究成果，参考各类公开发表的统计文献资料、改进的CASA模型，以及利用2010年遥感数据和气象数据计算得到的净初级生产力（NPP）数据，结合专家经验构建了不同类型生态系统和不同种类生态系统服务价值的基础当量，开展了全国尺度生态系统服务价值及其动态变化的综合评估，并得到了基础当量（表4-2）。

（2）深圳市土地分类与生态服务功能识别

根据《深圳市生态资源测算技术规范（试行）》划分的深圳市生态保护区内土地利用类型主要分为8类（表4-3）。

表4-3　深圳市土地利用类型分类

土地利用类型	解释
林地	风景名胜区、水源保护区、郊野公园、森林公园、自然保护区、风景林地等
城市绿地	公园绿地、植物园绿地、动物园绿地、绿化带、社区绿地等
农用地	果园、苗圃场、菜地等，包括一级水源保护区内的果园用地
河流	天然或人工作用下形成的线状水体
水库、湖泊、坑塘	天然和人工作用下形成的面状水体，包括天然湖泊、人工水库和坑塘
滩涂湿地	受潮汐影响较大，海边潮间带水分条件较好的土地及人工湿地
建设用地	城市居民点、工业、交通等用地
未利用地	未利用或废弃闲置的土地，这里主要指裸土地和采石场。其中，裸土地指地表土质覆盖，植被覆盖度在5%以下的土地；采石场指开采石砾用于建设的场所

按照上文基于单位面积价值当量因子的生态系统服务价值化方法，本研究将深圳市土地利用类型分类与生态系统分类对应，并按照深圳市的实际建立土地利用类型分类与二级分类的对应关系，详见表4-4。

表 4-2　单位面积生态系统服务价值当量

生态系统分类		供给服务			调节服务				支持服务			文化服务
一级分类	二级分类	食物生产	原材料生产	水资源供给	气体调节	气候调节	净化环境	水文调节	土壤保持	维持养分循环	维持生物多样性	美学景观
农田	旱地	0.85	0.40	0.02	0.67	0.36	0.10	0.27	1.03	0.12	0.13	0.06
	水田	1.36	0.09	–2.63	1.11	0.57	0.17	2.72	0.01	0.19	0.21	0.09
森林	针叶	0.22	0.52	0.27	1.70	5.07	1.49	3.34	2.06	0.16	1.88	0.82
	针阔混交	0.31	0.71	0.37	2.35	7.03	1.99	3.51	2.86	0.22	2.60	1.14
	阔叶	0.29	0.66	0.34	2.17	6.50	1.93	4.74	2.65	0.20	2.41	1.06
	灌木	0.19	0.43	0.22	1.41	4.23	1.28	3.35	1.72	0.13	1.57	0.69
草地	草原	0.10	0.14	0.08	0.51	1.34	0.44	0.98	0.62	0.05	0.56	0.25
	灌草丛	0.38	0.56	0.31	1.97	5.21	1.72	3.82	2.40	0.18	2.18	0.96
	草甸	0.22	0.33	0.18	1.14	3.02	1.00	2.21	1.39	0.11	1.27	0.56
湿地	湿地	0.51	0.50	2.59	1.90	3.60	3.60	24.23	2.31	0.18	7.87	4.73
荒漠	荒漠	0.01	0.03	0.02	0.11	0.10	0.31	0.21	0.13	0.01	0.12	0.05
	裸地	0.00	0.00	0.00	0.02	0.00	0.10	0.03	0.02	0.00	0.02	0.01
水域	水系	0.80	0.23	8.29	0.77	2.29	5.55	102.24	0.93	0.07	2.55	1.89
	冰川积雪	0.00	0.00	2.16	0.18	0.54	0.16	7.13	0.00	0.00	0.01	0.09

表 4-4 土地利用与生态系统分类关系表

生态系统分类 一级	生态系统分类 二级	土地利用类型	备注
农田	旱地	农用地	根据深圳市农田土壤调查，全市几乎无水田存在，可将农用地视为旱地
	水田	—	
森林	针叶	—	根据深圳市区域调查结果，全市林地以阔叶纯林为主，占比达 91.7%
	针阔混交	—	
	阔叶	林地	
	灌木	—	
草地	草原	—	深圳市草地生态系统以灌草丛为主
	灌草丛	城市绿地	
	草甸	—	
湿地	湿地	滩涂湿地	—
荒漠	荒漠	—	—
	裸地	未利用地	—
水域	水系	河流与水库、湖泊、坑塘	—
	冰川积雪	—	—

—表示无数据

结合表 4-2、表 4-4，可以得到基于深圳市生态资源测算的单位土地利用面积生态系统服务价值（表 4-5）。

表 4-5 深圳市单位土地利用面积生态系统服务价值 （单位：万元/hm^2）

土地利用类型	农用地	林地	城市绿地	滩涂湿地	未利用地	河流与水库、湖泊、坑塘
服务价值	1.37	7.82	6.71	17.72	0.07	42.79

因此，各社区单位土地利用面积生态系统服务价值为

社区单位土地利用面积生态系统服务价值=(1.37×社区农用地面积+7.82×社区林地面积+6.71×社区城市绿地面积+17.72×社区滩涂湿地面积+0.07×社区未利用地面积+42.79×社区河流与水库、湖泊、坑塘面积)/社区总面积

（3）单位服务功能价值本地化

本研究采用谢高地等（2015）以我国为研究对象的中国生态系统单位面积生态系统服务价值当量的结论进行了初步计算，但以全国的平均值为当量计算深圳

市的单位服务功能价值时，结果显然偏低，无法体现出深圳市土地资源的稀缺性和生态资源的珍稀性。因此，对单位服务功能价值进行本地化更科学、更合理。

由于土地是生产、生活、生态功能的主要载体，因此本研究拟将全国和深圳市单位面积国内生产总值（GDP）和生态系统生产总值（GEP）作为分析对象，开展单位服务功能价值的本地化研究。将深圳市单位面积 GDP 在全国主要城市中的比重和深圳市 GEP 在 GDP 中的比重结合起来，得到深圳市生态系统服务价值调节系数 K。将单位土地利用面积生态系统服务价值乘以调节系数，可得到最终的本地化的单位生态系统服务功能价值。

$$K=\frac{\text{深圳市单位面积GDP}}{\text{全国主要城市平均单位面积GDP}}\times\frac{\text{深圳市GEP}}{\text{深圳市GDP}}$$

（4）生态补偿总金额上限

在各社区生态补偿金额的计算中，根据生态公平理论，选取其中超过全市平均水平的部分作为生态补偿金。深圳市重要生态功能区生态补偿总金额上限为各社区生态补偿金额之和，具体公式如下：

重要生态功能区生态补偿总金额上限=∑[（K×社区单位土地利用面积生态系统服务价值）×（重要生态功能区面积占社区面积的比例–全市重要生态功能区面积占全市面积的比例）×社区面积]

2. 生态保护成本

（1）生态保护的直接投入

现有文献和资料表明，在生态保护过程中，生态保护的直接投入即直接成本核算方法广泛采用市场交易定价法，通过市场价格对各投入要素成本进行计算。但到目前为止，各类核算均尚未划定统一、规范的直接成本核算范围。本研究在借鉴前人的研究成果，归纳、总结已有实践案例的基础上，考虑深圳市的实际情况和数据的可获得性等，将生态保护建设成本及治理成本纳入生态保护直接成本的核算范围。在生态保护建设成本中，主要通过政府投资、财政预算等公开信息进行核定。在生态保护建设成本无法通过公开信息获得时，可通过核算生态保护建设工程如治污保洁工程、生态修复工程等的年运行费和折旧费作为总成本，计算方法如下。

（a）年运行费

水利建设项目的年运行费指项目正常运行期每年所需支出的全部运行费用，包括在工程运行期内各年所需支出的工程维护费和管理费。

工程维护费包括修理费、材料费、燃料及动力费等与工程修理养护有关的成本费用。根据《水利建设项目经济评价规范》（SL 72—2013）的有关规定，工程维护费按固定资产原值的1.0%计。

管理费包括职工工资及福利费、其他费用等与工程管理有关的费用。根据《水利建设项目经济评价规范》（SL 72—2013）的有关规定，管理费为固定资产原值的0.5%。

（b）折旧费

折旧费根据《水利建设项目经济评价规范》（SL 72—2013）的附录C“水利工程固定资产分类折旧年限的规定”按各类固定资产的折旧年限，采用平均年限法计算。

折旧费=[固定资产原值（1–残值率）] /使用年限

生态保护的直接投入为年运行费与折旧费之和。

（2）生态保护者的机会成本

参考现有的文献和实践案例，根据补偿对象不同，机会成本核算的角度和方法也有所不同。例如，以企业家为受损主体的工业发展损失核算往往考虑被迫关闭、停办、合并、转产企业的利润损失及迁出企业的新建成本等因素；以政府为受损主体的财政收入损失核算往往从部分关闭、停办、合并、转产企业和迁移企业所缴纳的税收收入，较为严苛的行业准入标准所带来的潜在税收收入等损失的角度考虑。由于本研究的生态补偿对象为重要生态功能区的原村民及社区，因此选择以原村民为受损主体的发展机会损失更为合理。综上，本研究以深圳市作为参照，对生态功能区内的人均收入与参照地区的人均收入进行对比，将两者之间的差异作为上下限后取平均值，进而反映出发展权受限可能给生态功能区原村民造成的经济损失，计算方法如下：

机会成本=生态补偿人数×（深圳市人均收入–重要生态功能区补偿社区人均收入）

（3）生态补偿总金额下限

综上，深圳市重要生态功能区生态补偿总金额的下限如下：

重要生态功能区生态补偿总金额下限=生态保护的直接投入+生态保护者的机会成本

3. 生态补偿总金额建议值

综合考虑生态系统服务价值和经济双重因素，本研究选取GEP与GDP作为参考，给出生态补偿总金额中间值的选取方法，为生态补偿总金额的确定提供参考，具体公式如下：

$$重要生态功能区生态补偿总金额=\frac{GEP}{GDP}\times 重要生态功能区生态补偿总金额上限+\left(1-\frac{GEP}{GDP}\right)\times 重要生态功能区生态补偿总金额下限$$

4.3.3　补偿标准可行性分析

依照 4.3.1 小节的相关研究，采用基于单位面积价值当量因子的生态系统服务价值化方法进行深圳市生态保护补偿范围的范围划定。

1. 生态系统服务价值的计算

根据深圳市 2020 年生态资源测算结果，得到生态补偿范围内各社区各类生态资源占比，结合 4.3.2 小节中各类生态资源单位面积生态系统服务价值当量，计算出深圳市生态补偿范围内各社区生态系统服务价值，具体结果如表 4-6 所示。

表 4-6　深圳市生态补偿范围内各社区不同土地利用类型面积占比与社区生态系统服务价值（节选）

序号	区	街道	社区	土地利用类型面积占比/%						社区生态系统服务价值/万元
				林地	城市绿地	农用地	滩涂湿地	未利用地	河流与水库、湖泊、坑塘	
1	光明	公明	社区 1	16.80	11.98	26.97	0.34	2.35	15.56	21 906.41
2	宝安	石岩	社区 5	27.68	8.54	13.01	2.50	3.15	12.82	12 069.10
3	宝安	西乡	社区 2	30.14	2.93	22.33	0.61	0.76	38.02	34 449.92
4	龙华	大浪	社区 4	35.38	11.57	0.68	0.04	1.70	6.03	9 744.87
5	龙华	观澜	社区 3	39.48	13.66	2.24	0.20	2.36	3.51	9 466.28
6	福田	梅林	社区 6	82.32	2.61	1.51	0.01	0.23	5.44	9 071.88
7	福田	沙头	社区 7	23.00	28.57	0.00	3.74	0.00	28.15	3 692.00
8	福田	梅林	社区 8	69.95	8.22	2.34	0.00	0.39	0.14	1 184.94
9	福田	华富	社区 9	57.86	5.59	0.00	0.00	0.00	0.95	918.67
10	福田	香蜜湖	社区 10	0.00	50.57	0.00	0.00	0.00	1.62	479.41
11	龙岗	龙城	社区 11	70.00	10.25	1.91	0.00	1.75	2.75	31 719.48
12	龙岗	葵涌	社区 12	33.57	19.89	3.15	0.00	1.71	0.71	26 107.65
13	龙岗	南澳	社区 13	21.01	24.21	1.34	0.00	6.40	4.62	23 056.61
14	龙岗	南澳	社区 14	41.02	16.64	4.76	0.00	2.17	1.52	20 769.37
15	龙岗	南澳	社区 15	4.48	13.77	0.00	0.00	1.28	1.92	21 582.97

续表

序号	区	街道	社区	土地利用类型面积占比/%						社区生态系统服务价值/万元
				林地	城市绿地	农用地	滩涂湿地	未利用地	河流与水库、湖泊、坑塘	
16	罗湖	东湖	社区 16	55.63	10.15	0.00	0.00	0.90	0.00	9 129.70
17	罗湖	东湖	社区 17	3.24	0.06	0.00	0.00	0.00	96.08	5 847.58
18	罗湖	清水河	社区 18	69.97	3.25	0.33	0.00	3.88	1.52	3 412.18
19	罗湖	清水河	社区 19	64.35	11.49	0.00	0.00	13.38	0.74	2 650.79
20	罗湖	莲塘	社区 20	50.03	24.26	0.00	0.00	0.00	0.00	3 023.33
21	南山	桃源	社区 21	66.97	19.83	0.30	0.19	1.45	5.18	18 127.21
22	南山	西丽	社区 22	61.23	6.47	13.66	0.00	1.23	1.29	4 695.60
23	南山	西丽	社区 23	87.87	1.96	1.34	0.00	0.31	0.44	5 038.62
24	南山	西丽	社区 24	61.37	13.60	1.80	0.00	0.55	3.94	5 068.74
25	南山	西丽	社区 25	22.75	16.49	22.49	0.01	0.94	1.78	2 590.57
26	盐田	盐田	社区 26	81.62	3.93	0.22	0.11	0.65	4.88	28 657.49
27	盐田	梅沙	社区 27	81.83	1.88	0.26	0.26	0.03	1.03	3 704.192
28	盐田	梅沙	社区 28	74.98	2.68	0.00	1.53	0.59	2.79	2 114.209
29	盐田	沙头角	社区 29	61.66	8.96	0.00	2.83	0.15	2.07	3 477.568
30	盐田	梅沙	社区 30	86.95	1.05	0.00	0.00	0.00	0.91	2 716.53

根据计算，深圳市生态补偿社区内生态系统服务总价值为 813 765 万元，其中各社区生态系统服务价值最高约为 34 450 万元，最低约为 33 万元。根据各社区面积之和，深圳市生态补偿范围内社区单位服务功能价值为 7.5 元/(m^2·a)。

依据上文所述，单位服务功能价值需要进行本地化调整。调整系数根据深圳市单位面积 GDP、全国主要城市平均单位面积 GDP 及深圳市 GEP 总量 3 项指标进行核算。

根据全国 40 个主要城市 2020 年的 GDP 和城市面积（表 4-7），深圳市单位面积 GDP 位于第一，为 13.86 亿元/km^2，为全国 40 个主要城市的平均单位面积 GDP（1.44 亿元/km^2）的约 9.63 倍。在 GEP 产出方面，根据《深圳市生态系统生产总值核算报告（2016）》对深圳市 GEP 的研究，2016 年全市 GEP 为 4971.46 亿，约占深圳市 2016 年 GDP（19 490 亿元）的 1/4。

表 4-7　全国 40 个主要城市 2020 年的 GDP、土地面积和单位面积 GDP

排名	城市	GDP/亿元	土地面积/km^2	单位面积 GDP/(亿元/km^2)
1	深圳	27 670.24	1 996.85	13.86
2	上海	38 700.58	6 340	6.10
3	广州	25 019.11	7 434	3.37
4	厦门	6 384.02	1 699.39	3.76
5	佛山	10 816.47	3 875	2.79
6	苏州	20 170.5	8 488.42	2.38
7	南京	14 800	6 597	2.24
8	北京	36 102.6	16 410	2.20
9	武汉	15 616.1	8 494.41	1.84
10	天津	14 084	11 946	1.18
11	郑州	12 003	7 446	1.61
12	宁波	12 408.7	9 816	1.26
13	青岛	12 400.56	11 282	1.10
14	成都	17 716.7	14 605	1.21
15	长沙	12 142.52	11 819	1.03
16	济南	10 140.91	8 177.21	1.24
17	西安	10 020.39	10 108	0.99
18	南昌	5 745.51	7 402.36	0.78
19	杭州	16 106	19 596	0.82
20	合肥	10 045.72	11 445.1	0.88
21	福州	10 020.02	11 968	0.84
22	大连	7 030.4	13 237	0.53
23	太原	4 153.2	6 999	0.59
24	沈阳	6 572	12 948	0.51
25	海口	1 791.58	3 145.93	0.57
26	贵阳	4 311.65	8 034	0.54
27	石家庄	5 935.1	15 848	0.37
28	长春	6 638.03	20 565	0.32
29	洛阳	5 128.4	15 230	0.34
30	重庆	25 002.79	82 402	0.30
31	昆明	6 733.79	21 473	0.31
32	乌鲁木齐	3 337.32	14 216.3	0.23

续表

排名	城市	GDP/亿元	土地面积/km²	单位面积 GDP/(亿元/km²)
33	兰州	2 886.74	13 085.6	0.22
34	银川	1 964.37	9 491	0.21
35	南宁	4 726.34	22 112	0.21
36	宜昌	4 261.42	21 227	0.20
37	呼和浩特	2 800.68	17 224	0.16
38	西宁	1 372.98	7 649	0.18
39	哈尔滨	5 183.8	53 100	0.10
40	拉萨	678.16	29 518	0.02

将深圳市单位面积GDP在全国主要城市中的比重和深圳市GEP在GDP中的比重结合起来看，可以得出深圳市生态系统服务价值调节系数K，计算得出$K \approx 2.41$，则经过本地化调整的深圳市单位面积生态系统服务价值为18元/m²。因此，经过本地化调整，得到深圳市135个生态补偿社区的生态系统服务价值。根据前文所述，社区生态补偿最终价值为选取其中超过全市水平（51.16%）的部分，根据各社区重要生态功能区占比，得到最终各社区生态补偿金额及深圳市重要生态功能区生态补偿金额上限为593 384万元。

2. 生态保护成本

（1）生态保护的直接投入

根据深圳市生态环境局公布的2018～2020年财政预算，深圳市用于生态保护建设的成本主要是环境监测与监督、污染防治、自然生态保护、污染减排，3年平均支出187 565万元，见表4-8。

表4-8　2018～2020年深圳市生态保护建设支出预算　（单位：万元）

项目	支出预算		
	2018年	2019年	2020年
环境监测与监督	1 052	4 100	14 438
污染防治	76 941	33 242	37 386
自然生态保护	1 971	1 697	13 430
污染减排	22 406	120 377	235 654
合计	102 370	159 416	300 908

（2）生态保护的机会成本

由于原村民人均收入数据暂缺，根据上文，我们以工业经济高度发达的宝安区为例，对划入生态保护补偿范围内的原村民进行了调研与座谈调查，根据表 4-1 的调查结果，生态保护补偿范围内原村民的人均收入超出了深圳市及宝安区的人均收入，因此此部分暂时不纳入生态保护成本的计算。

3. 生态补偿资金计算

根据上文，算得深圳市生态补偿资金的上限为 593 384 万元，下限为 187 565 万元。使用 4.3.2 小节补偿标准中间值的计算方法，全市生态补偿资金的建议值为 289 020 万元。

4.4　补偿方案设计

基于上文研究分析，本研究拟对重要生态功能区构建政府与市场相结合的生态保护补偿模式。目前，国内外理论与实践中有关市场化生态保护补偿方式的主要有产权交易、生态基金、生态券等，详见表 4-9。

表 4-9　市场化生态保护补偿方式

市场化补偿方式	补偿方式的运作	主要生态服务	生态系统类型	条件与制约
产权交易	对水资源、碳转移等可核定的服务以主题谈判的产权交易实现	非物质服务	保护区、遗产地等生态系统	明确的产权界定与合法使用
生态基金	由民间和国际组织以募捐、基金等形式参与	非物质服务、物产服务	保护区、遗产地等生态系统	规范的引进模式和配套政策
生态券或生态彩票	以低于一般利息发行生态券或发行生态彩票	非物质服务	保护区、遗产地等生态系统	严格的审批流程，需国务院审批
生态价值捆绑销售	以影像、书籍等媒体或少部分物质产品附带实现无形价值	非物质服务	保护区、遗产地等生态系统	市场购买力有限
农副产品生态认证及交易	实行农副产品绿色、环保认证，提高非物质性生态系统服务价值，发展农业交易市场	物产服务	农业生态系统	仅适用于农业生态系统的生态补偿
生态旅游服务	通过生态旅游景区、公园、场馆等门票及餐宿服务等生态旅游消费带动区域整体发展，实现生态价值	非物质服务、体验服务	特殊生态系统	不适合禁止开发的主体功能区

根据深圳市行政职能、生态保护补偿范围及目标，在目前自然资源资产产权制度构建尚处于起步阶段的情况下，基于自然资源资产的产权交易、生态券、生态彩票等市场化补偿方式并不适用，因此本研究根据深圳市实际状况，参考多种生态保护补偿方式和投融资市场化方式，提出构建生态基金模式的生态保护补偿方案。

4.4.1 信托基金补偿模式基本框架

信托基金区别于PPP基金等模式的特点是：该模式可以是完全市场化融资模式，基金组建和资金使用灵活，在小区域范围内操作相对容易，因此信托基金模式是目前较好的选择，本研究中的生态基金主要考虑通过设立信托基金来具体实施，信托基金设计框架见图4-1。信托基金模式将政府、原村民、企业、社会组织等补偿主客体的力量凝聚在一起，形成相关利益者参与的互动、协作、共享的局面，且信托基金的长期性为生态保护补偿机制提供了持续性的资金保障，避免了短期激励行为的不可持续性，有利于实现生态保护和经济发展的共赢格局。

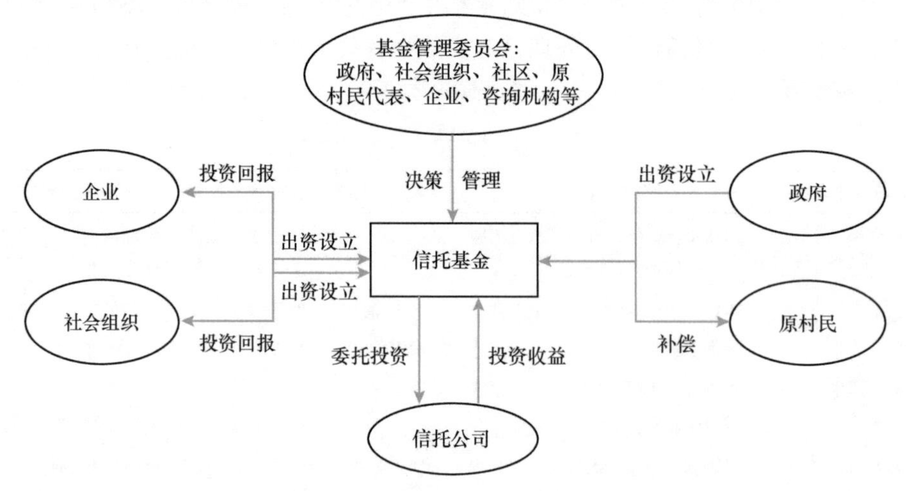

图4-1　生态保护补偿信托基金基本框架

1. 基金管理机制

在生态保护补偿基金运行管理中主要有信托公司和基金管理委员会两方组织。

信托公司：信托公司在基金管理中主要负责对筹集的资金进行市场化运作，信托公司的投资、利益分配行为通过信托基金合同进行详尽约定并受到基金管理委员会的监督。信托公司作为现代化的商业机构，可以凭借先进的管理制度和专业的管理，有效协调利益相关主体之间的关系，更好地发挥生态补偿投入资金的经济效益和社会效益。

基金管理委员会：市场化生态保护补偿机制的构建和推进具有较强的系统性和综合性，涉及多方面、多层次的利益关系，需要协调的问题也较多，因此仅靠信托公司的力量远远不够，应建立多方利益主体组成的基金管理委员会对基金发起、运行中的重要事项进行决策、调解各利益相关者关系，然后由信托公司执行基金管理委员会的决策。其中，政府、社会组织及企业等作为生态保护补偿基金的出资方，原村民作为生态保护补偿的重要客体，社区作为原村民直接管理方都应是基金管理委员会的成员，共同参与包括投资项目、资金使用等多方面的管理决策，政府代表在基金管理委员会中还应承担在法律和合规方面给予指导的作用。除此之外，还可以聘请从事自然保护、生态文明建设的咨询机构加入基金管理委员会以提供相关技术支持，指导生态保护补偿策略的实施。在基金管理委员会决策的架构下，政府、市场、原村民等各方主体代表各自不同的利益诉求，在博弈过程中，也使得生态保护补偿机制的成本-收益实现“帕累托改进”。

2. 资金来源渠道

政府财政拨款：政府是重要生态功能区的启动主体，是宏观的实施主体，是公共事权的责任者，是生态保护补偿中最主要的补偿主体之一，因此政府需拨付一定的财政资金（建议值 289 020 万元）作为生态保护补偿信托基金的初始资金，为资金运转的启动提供支持。

企业、公益组织等社会组织出资：深圳市辖区范围内有多家大型企业实力雄厚，很多受益于辖区水库供水、生态环境保护，且致力于或有意致力于环保公益事业，展现企业的社会责任感。近年来，社会公益团队、非政府组织等对生态环境保护的关注度越来越高，如阿里巴巴公益基金会等机构不断组织各界团体开展环境保护活动，因此可以引导这些企业、公益组织等加入生态保护补偿，作为出资方参与生态保护补偿。

企业投资者投资：除鼓励社会组织、辖区企业进行公益性出资外，也可以积极引进对生态保护补偿信托基金感兴趣的企业投资者，吸纳和集中社会资本参与生态保护补偿。

3. 资金使用方式

信托基金资金的使用分为投资使用及收益使用两方面，结合资金来源渠道，信托基金资金使用模式框架见图 4-2。

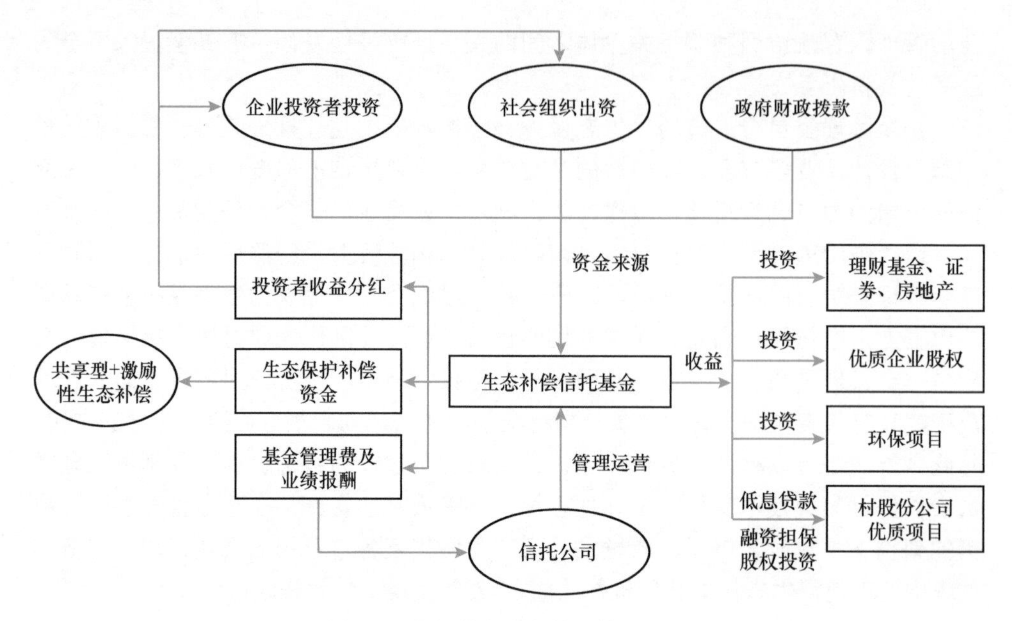

图 4-2　信托基金资金使用模式框架

（1）资金的投资使用

股权投资：信托基金资产的投资使用，可以通过参股优质产业的成熟企业、龙头企业的股权投资形式等，为基金带来稳定可靠的投资收益，实现资金保值与增值，确保持续的资金供给。

理财基金、证券、房地产投资等：信托公司可以将基金中的资金用于投资理财基金、证券、房地产等收益率较高的理财产品、项目等，为基金带来稳定可靠的投资收益，实现资金保值与增值，确保持续的资金供给。

生态旅游、绿色农产品等环保项目投资：生态保护补偿基金是一项兼顾生态环境保护和经济发展的项目，利用生态保护补偿基金投资生态旅游、绿色农产品等环保项目，可在获得投资盈利使基金循环增值的同时，促进环境友好型产业的发展，促进生态环境保护和经济发展的良性循环。

为村股份公司提供低息贷款、融资担保或进行股权投资：信托基金筹集的部分资金，可以为全市生态保护补偿范围内财务管理规范的村股份公司提出的优质项目提供低息贷款，同时可以将部分资金作为信用担保基金为此类项目提供融资担保服务，对于收益较好、比较成熟的项目也可以直接进行股权投资，通过这种方式，在“授之以鱼”的同时“授之以渔”，鼓励原村民进行“造血”型项目开发，部分解决原村民开展项目方面的诉求。

（2）资金的收益使用

投资者收益分红：社会资本具有一定的逐利性，投资者投入生态保护补偿基金的目的除了促进生态环境和经济协调发展，更多的是为了获取利益。因此，基金收益的一部分理所应当用来为投资者进行利益分红，为投资者带来稳定可靠的投资收益，实现资金保值与增值，这也从反方向促进了投资者对于基金的持续投资，确保了资金的可靠供给。

生态保护补偿资金：生态保护补偿基金的核心是通过基金运作的模式保持生态保护补偿资金的可持续性，避免当季补偿对原村民生态环境保护的短效性，激发全民参与生态环境保护的积极性，建立生态保护补偿长效机制。本研究在信托基金机制框架设计了“共享型+激励性”“原村民为主+全民参与”的补偿模式进行生态保护补偿资金的分配。其中“共享型”以给予原村民平等的资金及社会福利的方式进行补偿利益分配，“激励性”分为对重要生态功能区内的原村民不兼容用地清退的激励及全民参与生态保护的激励两种利益分配方式，具体架构见图 4-3。

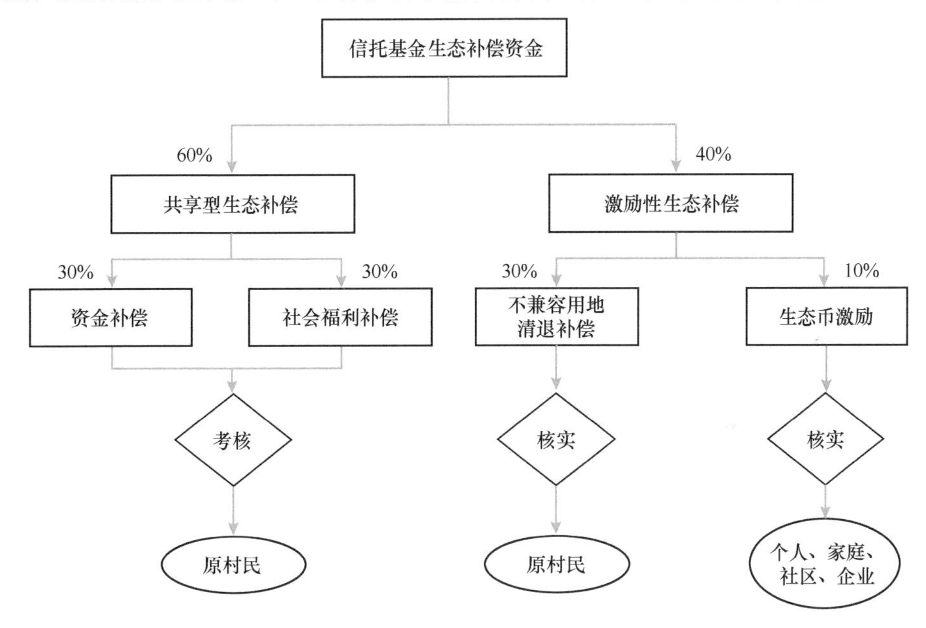

图 4-3　信托基金机制下的生态保护补偿机制框架

基金管理费及业绩报酬：信托公司受生态保护补偿信托基金委托进行运营管理、项目投资、收益分配等会产生人员报酬、日常开销等一系列必要的开支，需要基金支付一定比例的费用作为基金管理费，以维持基金管理正常运行。同时，为了激励信托公司更有效地运行基金资产，还可以向信托公司支付一定的基金业绩报酬，以促进基金良性发展。

4.4.2 共享型生态保护补偿方案

共享型生态保护补偿方案在对补偿对象进行无差异补偿的基础上，辅以考核机制进行生态保护补偿金及社会福利的发放。

1. 补偿对象

共享型生态保护补偿的补偿对象为重要生态功能区的135个社区内的原村民。

2. 补偿内容

（1）资金补偿

考虑到资金补偿可以体现生态资源的有偿使用且有利于原村民对于补偿的理解，因此将资金补偿作为共享型补偿的补偿内容之一。对原村民的年度补偿金额按当年共享型生态保护补偿金额的30%进行分配，补偿金额采取平均的方式进行分配，具体公式如下：

$$\text{原村民年度补偿金额}=\frac{\text{信托基金分配当年补偿资金总额}}{\text{生态保护补偿总人数}}\times 30\% \tag{4-1}$$

（2）社会福利补偿

社会福利主要是指原村民较为关注的医疗、养老、殡葬、子女教育、基础设施建设等。将其作为共享型补偿的补偿内容之一的原因，一是在对原村民调查中，发现其对社会福利具有一定的诉求，希望能获取一些社会福利作为对于机会成本损失的弥补；二是相对于资金补偿，社会福利带有更多的人文关怀，能从改善生活环境、医疗养老条件等多方面给予原村民心理上的慰藉；三是在深圳这一经济高度发达、物价成本较高的城市，补偿资金已无法对原村民的生活进行质的改善，因此实施社会福利补偿也是提高生态保护补偿资金效用的一种方法。

社会福利补偿所需总资金按生态保护补偿总金额的30%进行拨付，其中医疗保险参保缴费补助及养老补助根据人数分配到个人账户，具体的补助方式如下。

➢ 医疗补助

对于参与缴纳城镇居民基本医疗保险的原村民，给予一定比例的参保缴费补助，补助金额直接发放至社保账户。联合深圳市卫生健康委员会进一步完善生态保护补偿范围内社区的卫生资源配置、医疗服务体系和社区卫生服务体系。通过新建、转型、租赁、购买等方式解决社区卫生服务机构业务用房问题，保障生态保护补偿范围内每个社区均配备完善的社区医院。提高社区医院硬件设施标准，保障药品供给，规范收费标准，促进社区医院医疗队伍的人才建设，保证社区卫生服务人员待遇，保障生态保护补偿范围内社区原村民医疗水平。

➢ 养老补助

对于参与缴纳城镇居民基本养老保险的原村民，给予参保缴费补助，补助金额直接发放至社保账户。联合深圳市民政局研讨生态保护补偿范围内社区原村民养老福利建设相关事宜。推进社区居家养老模式，依托社区为受补偿原村民提供生活照料、家政服务、康复护理和心理疏导等多方面养老服务。建立社区居家养老驿站，开展长者联欢会、长者课堂等活动，组织专家义诊、体检等，联合社会公益组织开展慰问老人的志愿服务，为生态保护补偿范围内社区原村民提供多方位的养老福利。

➢ 殡葬服务

对遗体火化基本殡葬服务费进行补贴，对节地生态安葬行为进行奖补，减轻群众丧葬负担、倡导丧葬文明新风。联合深圳市民政局研讨生态保护补偿范围内社区原村民殡葬服务相关事宜，确定殡葬扶持补助标准和具体实施方案。

➢ 子女教育

根据与深圳市教育局、深圳市规划和自然资源局座谈了解，目前原村民由于户籍为深圳户籍，义务教育入学率可百分之百覆盖，但由于深圳市基本生态控制线管控要求，线内可新建的教育用地仅为高等院校用地，部分街道十多年未有新建义务教育学校落地。因此，子女教育方面的补偿主要针对这一问题开展实施。联合深圳市教育局、深圳市规划和自然资源局开展研讨工作，讨论生态保护补偿范围内社区新建或扩建义务教育学校的可行性，尽力确保生态保护补偿范围内每个社区均有义务教育配置。同时，联合深圳市教育局就生态保护补偿范围内义务教育学校师资配置进行研讨，出台优惠政策，吸引优良师资力量入驻生态保护补偿范围内学校，部分满足原村民对子女优质教育的诉求。加强校园硬件设施配置，为生态保护补偿范围内原村民子女提供良好的学习环境。

➢ 基础设施建设

评估生态保护补偿范围内社区基础设施建设情况，对于基础设施建设较为落后的社区，加强城市绿化、社区公园、道路翻新拓宽等的规划与建设。通过营造优美、便捷的居住环境给予原村民心理上的安慰。

3. 考核机制

作为管理单位，需要对纳入生态保护补偿范围的对象予以基本的考核评估，以约束生态破坏行为、激励补偿对象更好地开展生态保护、推动生态文明建设的理念深入人心。因此，在生态保护补偿实施过程中需要建立配套的生态保护补偿监管与评估机制，将考核结果与生态保护补偿资金及社会福利挂钩，建立起权责对等的生态保护补偿模式，确定考核对象、考核内容、数据来源、考核方式等方面的内容。

4.4.3 激励性生态保护补偿方案

开展激励性生态保护补偿的目的一是将基于生态系统服务价值的激励性生态补偿结合一次性征地补偿，共同推动重要生态功能区内的不兼容用地清退；二是突破以原村民为单一群体的生态补偿机制，推动个人、社区、家庭、企业、其他机构和组织全面参与生态保护建设，以市场化机制提高生态补偿效率。激励性生态保护补偿主要包含不兼容用地清退补偿和基于普惠交易量化的生态补偿两种。

1. 不兼容用地清退补偿

开展不兼容用地清退补偿的目的是将生态补偿与一次性征地补偿相结合，共同推动重要生态功能区内的不兼容用地清退。开展不兼容用地清退补偿的关键在于明确利益博弈边界和基本规则，并保证其他利益主体之间进行利益协调的过程和结果公正合理。对于补偿的客体来说，在于通过补偿获利；对于补偿的主体来说，在于利用生态补偿激励不兼容用地的清退，推动生态服务功能的恢复，并尽可能控制财政成本。

（1）补偿范围

不兼容用地清退补偿是建立在生态保护区内生态服务功能恢复、提升基础上的补偿，具体实施途径为不兼容用地的改造转型或清退复绿。对照国家、广东省、深圳市的相关要求，生态保护红线内严禁不符合主体功能定位的各类开发活动；饮用水水源保护区一级保护区内禁止开展与水源保护无关的项目，属禁止开发区域，二级保护区、准保护区内的开发建设活动可在环保措施落实的情况下，以不能影响饮用水安全为前提开展，属限制开发的区域；基本生态控制线内鼓励已建合法建筑物及构筑物通过权益置换、异地统建等多种途径调出基本生态控制线。目前，深圳市饮用水水源一级保护区内已完成所有违法建筑物的清退工作，二级保护区对开发建设活动没有清退要求，仅要求配备环保措施。因此，不兼容用地清退补偿的范围为深圳市基本生态控制线及生态保护红线内的区域。

（2）补偿对象

不兼容用地清退补偿的补偿对象为上述补偿范围内开展重要生态功能区外部场地置换、屋顶绿化及建筑物拆除复绿的原村民。

（3）补偿金额

补偿标准的核算通过综合生态服务功能恢复、提升和不兼容用地分类处理两个方面的判断标准来最终确定，具体而言本研究又将其归纳为分区类别系数、房屋改造环境恢复提升系数、激励系数、单位服务功能价值、影响面积等 5 个子项目，以达到标准量化评价的目的。

➢ 分区类别系数

按照《生态保护红线划定技术指南》《广东省生态严格控制区修订工作指引》《深圳市人民政府关于进一步规范基本生态控制线管理的实施意见》，生态保护红线区（严控区）或基本生态控制线等生态保护区域未来都将实施分级分类管理。生态保护区域的分级分类体现了生态功能的差异性和多样性，具体表现在生态系统服务价值的大小，然而在当前印发的技术文件中，保护区域的分级划分较多采用自然分类算法（《生态保护红线划定技术指南》）或管理分类方法（《广东省生态严格控制区修订工作指引》）（图 4-4，表 4-10），无法以生态系统服务价值量化体现各级之间的差异。因此，从实际工作出发，分区类别系数应尽量选择简易统一的标准，兼具区分度和平衡功能。本研究中，激励性生态补偿的范围为基本生态控制线及生态保护红线，考虑到生态保护红线的刚性要求及基本生态控制线的分区管理要求，将激励性生态补偿区分为两级，一级区范围为生态保护红线及基本生态控制线一级区，二级区范围为基本生态控制线二级区除了生态保护红线的范围，分区类别系数采用专家打分法确定。

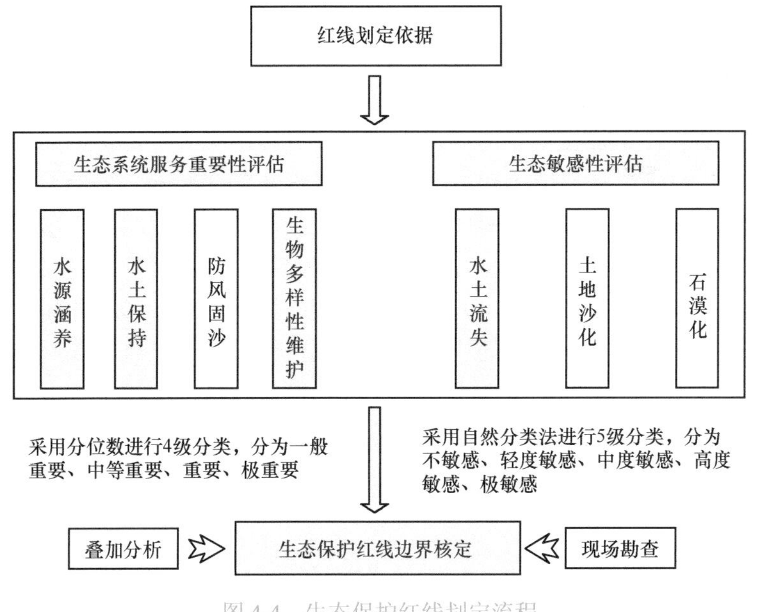

图 4-4　生态保护红线划定流程

表 4-10　生态严格控制区划定流程

级别		类别	具体类型
严格控制区	一级管控区	重要区	经评估全省生态极敏感、极重要区域
		保护地	各级自然保护区核心区和缓冲区、饮用水水源保护区一级保护区
			省级以上（含省级）风景名胜区的核心景区
			省级以上（含省级）森林公园核心景观区和生态保育区，省级以上（含省级）湿地公园的湿地保育区和恢复重建区
			世界自然遗产、文化遗产的核心区
			省级以上（含省级）地质公园的一级保护区
		生态系统	省级以上（含省级）生态公益林
	二级管控区	重要区	原有生态严格控制区（扣除“一减”、扣除一级管控区）
			经评估全省生态高度敏感、重要区
		保护地	各级自然保护区的实验区，饮用水水源保护区二级保护区，风景名胜区、森林公园、湿地公园、地质公园、世界自然文化遗产的其他区域
		生态系统	其他重要区域（县级生态公益林、沿海基干林带、重要河流、水库、湖泊等）；地市人民政府根据需要增设的其他生态保护区域

➢ 房屋改造环境恢复提升系数

房屋改造环境恢复提升系数以不兼容用地上构筑物是否通过改造转型或清退复绿从而恢复土地的生态系统部分/全部服务功能为评判标准。

根据深圳市旧工业建筑相关研究，市内工业建筑形式和空间具有如下特点：结构特征方面，现存大量旧工业建筑的结构体系大多为框架结构和砖混结构，在材料的使用上多为混凝土和砖的结合及少量的钢材。建筑形式多为 5 ～ 6 层的多层建筑，建筑设计手法比较单一，楼板和梁柱整体浇筑在一起，以多层厂房、单层仓库等为主。一般每层楼所能承受的荷载都超过 7500N/m^2，所能承受的荷载较大。在改造时基本上不用对原有的结构形式进行加固，原有的结构形式基本上能满足新功能荷载的要求。空间特征方面，深圳常规性的多层厂房内部结构以框架结构为主，一般层高不高，为 4 ～ 6m，8 ～ 9m 进深，6 ～ 10m 开间为主。厂房通常总长度达 80 ～ 100m，空间比较宽敞，但自然采光和通风效果都比较差。内部空间可以进行自由划分，为改造提供了良好的可塑性。外部特征方面，深圳市工业建筑发展的时代处于中国快速发展的时代，从 20 世纪 80 年代的工业建筑发展开始，工业建筑形象比较简约，建筑设计手法比较单一，立面简洁，带型窗或单独窗，是一种“形式追随功能”的形式。

深圳市生态保护区域内不兼容建设用地构筑物具有较大的改造潜力，除土地兼容性拆除复绿以外，还可通过以下途径开展改造，进而恢复土地的生态系统部分/全部服务功能。

外部场地置换——室外场地下垫面的条件对室外生态环境具有一定的正向影响，生物类软质下垫面不仅增加生物量，还有助于涵养水源、减少地表径流，起到生态缓冲的作用。在建筑物室外场地更新时，可以通过将原来的硬质铺地置换成植草土砖，对于无行车需求的，可以合理间种灌木植物或本地常见阔叶树种。

屋顶绿化——屋顶绿化是城市绿化的重要手段之一，特别是对于深圳这座南方沿海气候特点下的城市，通过屋顶花园、屋顶农场等屋顶绿化措施不仅能增加城市绿地面积，还可以降低热岛效应、净化空气、提供美学价值，特别是对于深圳市土地资源匮乏的现状，屋顶绿化可以节省大笔土地费用。

房屋改造环境恢复提升系数的具体取值方面，同分区类别系数一样，本研究以易于操作、便于区分为原则，采用专家打分法确定。

➢ 激励系数

不同房屋改造途径带来的不仅是环境恢复提升的效果，同时还会在房屋管理上产生一定的衍生成本，特别是对于外部场地置换和屋顶绿化来说，可能产生日常使用过程中的维护费用、造成使用上的不便等，因此激励系数设置的目的就在于调节由不彻底的房屋改造带来的衍生成本，推动激励性生态补偿发挥效应。激励系数采用专家打分法确定。

➢ 单位服务功能价值与影响面积

单位服务功能价值方面，按照基于单位面积价值当量因子的生态系统服务价值化方法进行核算。

影响面积计算方面，不同的房屋改造所涉及的影响范围确定标准不同，外部场地置换与屋顶绿化的影响范围可直接通过工程面积进行计算。而涉及建筑物的拆除复绿，则情况会较为复杂，因为虽然生态服务功能的供给更多地依靠着土地的供给实现，但在实际操作中，仅单一土地使用面积区分度的计算标准，无法激励不同建筑面积的建筑主体实施拆除复绿，直接影响生态补偿的激励效果。所以，影响面积的计算不仅要考虑构筑物的占地面积，还要考虑其高度和总体量带来的影响。因此本研究建议，建筑物拆除复绿的影响面积计算中，应使用建筑面积计算。

（4）不兼容用地清退补偿的实施

不兼容用地清退补偿标准核算的计算公式为

不兼容用地清退补偿 = 分区类别系数（G）× 房屋改造环境恢复提升系数（F）× 激励系数（I）× 单位服务功能价值（W）× 影响面积（A）

各核算项取值标准见表 4-11。

表 4-11 不兼容用地清退补偿取值标准

项目系数	数值标准	鉴别标准	备注
分区类别系数（G）	1	一级区：位于基本生态控制线一级区内或生态保护红线内	
	0.8	二级区：位于基本生态控制线二级区除了生态保护红线的范围内	
房屋改造环境恢复提升系数（F）	0.8	外部场地置换	参考《绿色建筑评价标准》(GB/T 50378—2019)，外部场地置换应种植适应当地气候和土壤条件的植物，采用乔、灌、草结合的复层绿化，种植区域覆土深度和排水能力满足植物生长需求，配植乔木不少于 3 株/100m^2
	0.8	屋顶绿化	按照《屋顶绿化设计规范》(DB440300/T 37—2009）要求执行
	1	拆除复绿	参考《绿色建筑评价标准》(GB/T 50378—2019)，拆除复绿场地应种植适应当地气候和土壤条件的植物，采用乔、灌、草结合的复层绿化，种植区域覆土深度和排水能力满足植物生长需求，配植乔木不少于 3 株/100m^2
激励系数（I）	1	外部场地置换	
	1	屋顶绿化	
	15	拆除复绿	
影响面积（A）	外部场地置换	实际置换面积	外部场地置换总面积不小于 100m^2
	屋顶绿化	实际绿化面积	简单式屋顶绿化的绿化种植面积大于屋顶面积的 85% 以上；花园式屋顶绿化的绿化种植面积大于屋顶面积的 60%
	拆除复绿	建筑面积	
单位服务功能价值（W）	18 元/m^2		

通过不兼容用地清退补偿，以鉴别标准明确不兼容用地清退补偿项目的各个要素取值，并按照上述公式计算出最终的补偿金额，以年度发放的形式发放至被补偿的原村民手中。

根据上文研究内容再结合不兼容用地清退补偿取值标准（表 4-11）及深圳市单位面积生态系统服务价值 18 元/m^2，可以得出不同类型的不兼容用地清退补偿单位面积价格，见表 4-12。

表 4-12　不兼容用地清退补偿单位面积价格表　　（单位：元/m²）

改造模式	单位面积价格	
	一级区内	二级区内
外部场地置换	14.4	11.52
屋顶绿化	14.4	11.52
拆除复绿	270	216

2. 基于普惠交易量化的生态补偿

基于普惠交易量化的生态补偿模式是以大力推动个人、社区、家庭、企业、其他机构和组织全面参与生态保护建设，完善生态补偿市场化机制为目的；以辖区内的企业、社区、家庭和个人为对象；以生态币激发公众生态文明获得感，通过核定可以进行生态币发放的生态文明行为，根据数据可获取情况，核定对每种生态文明行为的生态币发放量，定期统计生态币的发放及兑换的生态补偿模式。各类对象生态币量化与激励形式如下。

（1）以个人（游客）为对象建立生态币量化与激励体系

生态补偿范围内个人或游客以公共自行车出行、制止不文明行为、积极参与景区开展的生态文明活动可作为个人（游客）生态币发放的生态文明行为。

公共自行车出行生态币量化，基于现有的公共自行车平台，根据里程数核算成相应生态币。制止不文明行为生态币量化，以个人（游客）将生活、旅游过程中发现的不文明行为，通过“随手拍”监督举报，将不文明行为上传到网络曝光台，根据情况获取相应的生态币。个人（游客）在生活、旅游过程中积极参加景区组织的生态文明活动，根据参与情况，核算相应生态币。

激励措施方面，设立个人生态币财富排行榜，同时动员辖区商户对公众的生态文明行为给予认同和支持，鼓励景点、餐厅、电影院、超市等进驻生态币平台，组建成为生态文明联盟，提供生态币换取产品/服务优惠。

（2）以社区为对象建立生态币量化与激励体系

对生态补偿范围内的社区，根据数据可获取情况及社区实际情况，核定节约用电、节约用水、节约用气、垃圾分类回收、生态文化宣传为社区生态币发放的生态文明行为。除此之外，社区组织生态保护、生态文明建设宣传活动，同样可作为社区生态币发放的生态文明行为。

在社区生态文明行为生态币发放量的核定上，节约用电、节约用水、节约用气的核算数据可分别通过供电局、自来水公司、燃气公司获取，节约行为生态币量化具体为以社区（小区）去年同期数据为基准，当月实际用量与去年同期用量的差为节约量，节约量与去年同期用量的比例即为节约比例，根据节约比例核算成相应的生态币。垃圾分类回收行为量化，可根据社区达到垃圾减量分类示范小区的数量核定成相应的生态币。生态保护、生态文明建设宣传行为量化，可根据社区组织开展生态文明相关活动的情况（规模、参与人数）分级核算成相应的生态币。

激励措施方面，设立社区生态币财富排行榜，统计每个社区总的生态币获取情况，根据总量进行排名，评比生态文明社区，给予表扬及资金奖励，社区可将获取的收益用作社区建设或按比例返利于适用于生态补偿条件的原村民。

（3）以家庭为对象建立生态币量化与激励体系

对生态补偿范围内的社区家庭，核定节约用电、节约用水、节约用气、绿色出行（减少私家车出行次数）、积极参与社区组织的生态文明相关活动作为家庭生态币发放的生态文明行为。

在家庭生态文明行为生态币发放量的核定上，用电、用水、用气数据可通过供电局、自来水公司、燃气公司获取，生态币量化以当月实际用量与去年同期用量的差为节约量，节约量与去年同期用量的比例即为节约比例，根据节约比例核算成相应的生态币。车辆进出数据可通过物业管理处获取，以上个月出行次数为基准，根据当月实际出行次数与上月的数据核算成相应的生态币。积极参与生态文明活动行为量化，根据家庭参与社区生态保护及生态文明建设宣传活动情况核算成相应的生态币。

激励措施方面，动员辖区商户对公众的生态文明行为给予认同和支持，鼓励餐厅、电影院、超市、公交公司等组建成为生态文明联盟，提供生态币换取产品/服务优惠。设立家庭生态币财富排行榜，统计家庭生态币获取情况，根据总量多少进行排名，评比生态文明家庭，给予表扬及适当资金奖励。

（4）以企业为对象建立生态币量化与激励体系

对生态补偿范围内的企业，核定节能减排、清洁生产、员工生态文明意识培训等行为作为企业生态币发放的生态文明行为。

将生态补偿范围内的排污企业纳入管控，进行碳排放核查，以企业的配额和实际的碳排放量的差值核算成相应的生态币，同时企业通过节能改造验收的给予相应生态币。清洁生产生态币量化以企业通过清洁生产审核为标准，给予相应生态币。员工生态文明意识培训的生态币量化，根据企业开展生态文明教育培训的规模、员工参与及评价的情况核算成相应的生态币。

激励措施方面，设立企业生态币财富排行榜，统计企业生态币获取情况，根据总量多少进行排名，评比生态文明企业，给予表扬及资金奖励，企业可将获取的收益用于企业生态文明建设或按比例返利于员工。

4.4.4　补偿时限

为了更加精细化管理，突出生态保护成效，客观反映生态环境质量的现状，并考虑经济发展现实情况及信托基金运行周期，建议生态保护补偿的时限设定为 5 年为一个周期。在下一个周期开始之前，进行生态保护补偿必要性论证，如有必要继续开展生态保护补偿，则在已构建的补偿标准、绩效评估体系、考核制度的基础上进行重新核算与修改，以建立长效的生态保护补偿机制。

第5章

深圳市多元化生态保护补偿绩效评估体系研究

5.1 开展绩效评估的目的与意义

由于我国生态文明建设实践开展较晚，有关生态保护补偿方面的政策法规建设较为滞后，保护者和受益者良性互动的体制机制尚不完善，一定程度上影响了生态环境保护措施行动的成效，极大地降低了生态保护补偿资金的使用效率，在浪费国家财政资金的同时，也难以产生真正的生态效益。2018年9月，为优化财政资源配置、提升公共服务质量，《中共中央 国务院关于全面实施预算绩效管理的意见》强调通过构建全方位预算绩效管理格局、建立全过程预算绩效管理链条、完善全覆盖预算绩效管理体系、健全预算绩效管理制度、硬化预算绩效管理约束，着力提高财政资源配置效率和使用效益，提高预算管理水平和政策实施效果。生态保护补偿的目的是在资金约束条件下获取最大的环境效益，生态保护补偿绩效评估的缺失可能导致政策的落实流于形式。

生态保护补偿绩效评估的本质是对生态保护补偿内涵、方向、路径的分析过程，是一种发现补偿过程中存在问题的监督和反馈机制，以便能及时对其进行纠正和改进，从而提高生态保护补偿的质量效率和公平性。具体来说，对补偿政策进行评估一是有助于弄清楚政策的执行状况，为政策执行效果的改善提供参考；二是生态环境对区域生态安全、经济发展和社会稳定等方面有显著的影响，补偿政策带来的影响涵盖了社会、经济及环境等多个方面，通过评估可以清楚地了解政策执行对上述方面所带来的影响；三是建立综合性的评估体系，通过分析可以看出政策执行带来的变化及变化的趋势，对政策的实行效果进行合理的评估并找到影响政策效果的关键因素，能够为政策设计和执行提供实用性的指导，这是政策完善的重要保障。通过建立科学的生态保护补偿绩效评估体系，实施生态保护补偿绩效的评估，健全监控和责任追究制度，引导地方政府和原村民在生态保护补偿条件下协调生态屏障保护、经济发展和原村民生活改善的关系，可以使政府和原村民之间的利益博弈由非合作转向合作均衡博弈，以保障生态保护补偿能够有效地促进生态保护区生态、经济和社会的协调与可持续发展。

因此，对生态保护补偿工作构建绩效管理体系，全方位关注生态保护补偿的整个过程，不仅有利于优化生态保护补偿资金的使用，提高生态转移支付利用效率，还对现有生态保护补偿政策的完善起到一定的启示作用。

5.2 开展绩效评估的工作思路

开展绩效评估的总体思路，一是通过构建深圳市生态保护补偿绩效评估体系，对深圳市生态保护补偿政策的实施效果进行评估，为政策的调整和完善提供参考；二是通过构建原村民生态保护补偿绩效评估体系，使个人的生态保护成效或破坏得到有效体现，发挥生态保护补偿的杠杆作用。具体评估思路见图 5-1。

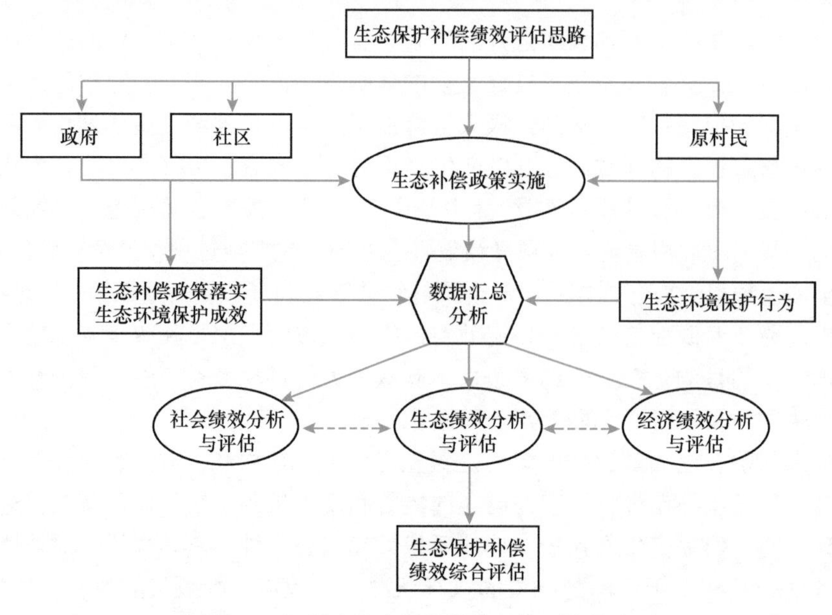

图 5-1 深圳市生态保护补偿绩效评估思路

生态保护补偿绩效评估指标体系框架是设计生态保护补偿绩效评估指标体系的技术指南，评估指标体系作为生态保护补偿绩效评估系统结构的重要组成部分，直接影响着生态保护补偿绩效评估结果的科学性及精度。因此，生态保护补偿绩效评估体系框架应从多维角度，结合辖区政治、经济和社会的特点及生态系统现状，以保护区域生态安全屏障、提高原村民生活水平为战略目标，设计一个科学、合理的生态保护补偿绩效评估指标体系的逻辑框架，来支撑和引导生态保护补偿绩效评估指标体系的构建，避免生态保护补偿绩效评估指标体系设计陷入主观随意，实现生态保护补偿绩效评估指标体系设计的科学化与合理化，本研究的生态保护补偿绩效评估指标体系框架如图 5-2 所示。

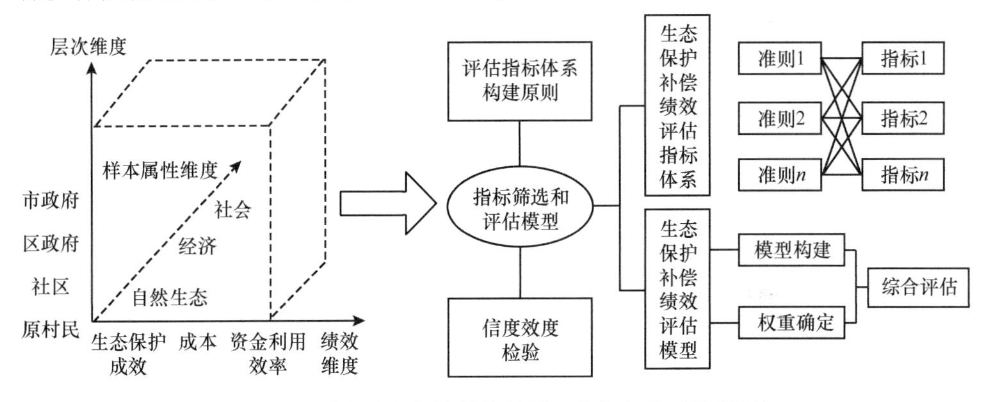

图 5-2　深圳市生态保护补偿绩效评估指标体系逻辑框架

生态保护补偿绩效评估指标体系是具有特定结构与功能的复杂系统，不仅包括评估主体、评估对象确定，还包括评估指标的筛选和综合评估模型构建。因此，构建一套科学合理的生态保护补偿绩效评估指标体系，其框架结构应由绩效维度、层次维度和样本属性维度三个方面的关键变量构成，用数学模型表示为：$ECP_{ij}=f(x)\cdot g(y)\cdot h(z)$，其中，$f(x)$ 表示生态保护补偿绩效维度变化函数；$g(y)$ 表示生态保护补偿层次维度变化函数；$h(z)$ 表示生态保护补偿样本属性维度变化函数。绩效维度（x）包括生态保护成效、成本和资金利用效率，分别反映生态保护补偿在生态环境保护与建设、生产改善和原村民生活水平提高方面的有效产出，生态保护补偿投入成本，以及生态保护补偿资金利用效率。层次维度（y）包括市政府、区政府、社区和原村民。不同层级主体承担的职能和职责不同，市政府负责制定全市生态保护与经济发展规划、政策法规及建设投资项目；区政府负责制定辖区生态保护与经济发展规划、建设投资项目；社区负责落实和执行上级政府的生态保护、生态保护补偿政策及其他外部投入项目；原村民既是生态保护补偿的直接受益主体，又是生态保护和建设的承担者，在政府的规划下开展生态建设与保护的生产经营活动，二者的评估指标在性质上是有区别的。样本属性维度（z）包括自然生态、经济、社会。除此之外，在生态保护补偿绩效评估指标体系中，应综合考虑区域的空间异质性和差异性对生态保护补偿绩效评估的影响，尽量降低区域的主客观条件差异而产生的评估误差。

5.3 绩效评估指标

5.3.1 指标选取原则

选取的评估指标合适与否，直接关系到最后绩效评估的结果是否合理。每一项指标都代表着评估对象在某个方面的某些特征，如何有根有据、合理科学地选取指标，是绩效评估要处理的基本问题，因此指标体系的建立必须要科学化、规范化。为此，在建立指标体系时应该考虑并遵循以下原则。

（1）科学性与客观性

生态保护补偿绩效评估指标的选择，应以生态保护补偿政策目标为导向。选择的指标不能仅仅依靠主观臆想，要立足于实际，如指标选择、指标权重都需要使用科学的理论与方法确定。此外，要保证数据来源的客观性，数据真实可靠是分析数据的前提。这样才能科学构建理论分析框架，合理评估生态保护补偿政策的落实情况，为后续生态保护补偿的实施提供科学可信的建议。

（2）定量化和可操作性

定性指标不能客观直接地进行生态保护补偿绩效评估，也不能直接代入模型进行计算，为了提高评估结果的科学性与客观性，尽量选择能够定量化的指标。与此同时，指标的选择也要考虑到可操作性，有的指标是公认的重要指标，意义重大，但无法获取的还是要进行剔除。当遇到小范围缺失的数据时，则要使用合适的数学方法进行推算。因此，我们在构建生态保护补偿绩效评估体系时，要考虑指标数据的真实性、可获取性。

（3）权威性与典型性

在选取生态保护补偿绩效评估指标时，选择的评估指标必须是生态保护补偿的重要目标，这样的评估才更科学、有意义。指标权威性是指指标被大多数人所接受并广泛使用，包括已有学者使用的指标、官方权威部门统计的指标。选择指标时更应该精简，若指标过多，必然会增加数据收集与数据处理的难度，录入过程与计算过程也更容易出错，因此要剔除无效、同质性较大的指标，筛选出真正具有代表性的指标。

5.3.2 指标选取

实施生态保护补偿的目的除了改善区域生态环境，还希望能够促进社会、经济发展及群众生活改善，实现环境保护和经济发展相协调。因此在进行生态保护补偿绩效评估时，只重视生态环境改善而忽略政策实施带来的社会经济影响，或者仅关注经济改善程度而忽视生态环境的变化都是片面的，不能完整体现出补偿政策的目的。因此，所选取的评估指标需要涵盖生态环境、经济、社会等多方面。在本研究中，绩效评估的对象包含市政府、区政府、社区、原村民 4 个层次，根据不同评估对象在政策实施上期望达到目的的不同，绩效评估指标的选择也应有不同的侧重点。评估指标体系一般是 3 级层次结构，但当某个层次包含的内容较多时需要进一步分层以便更合理地进行数据处理，这时候该层次就需要进一步划分为若干层次。

在上述分析的基础上，本研究依据绩效评估的工作思路，借鉴国内外生态保护补偿绩效评估的相关研究成果，收集相关指标，咨询相关领域专家及政府职能部门的意见，结合我国生态保护补偿政策的具体实施状况，采用阶梯层次结构设计生态保护补偿绩效评估指标体系。具体做法是将各评估因素按照层次模型进行分层，将评估指标体系分为三层，依此是目标层、准则层和指标层。

1）目标层：目标层是生态保护补偿绩效评估，用来反映生态保护补偿政策实施带来的总体效果水平和被评估对象的行为准则，是评估的总目标。

2）准则层：准则层是针对评级总目标设定的，准则层指标要能够从不同的侧面反映不同评估对象在生态保护补偿政策实施过程中发挥的作用及成效。在本研究中，主要从政策落实情况和实施成效来进行考察。对于市政府来说，主要考察生态保护补偿政策的组织落实情况、生态管护成效及民生改善状况；对于区政府来说，主要考核组织落实情况、生态管护成效及民生改善情况；对于社区来说，主要考察生态保护补偿政策的组织落实情况和生态管护成效；对于原村民这种微观个体来说，主要考察其生态环境保护及破坏行为。

3）指标层：指标层是准则层下更进一步细化的基础性指标，指标数目相对于准则层较多，更细化到绩效评估的最小部门。财政部 2009 年出台的《国家重点生态功能区转移支付（试点）办法》规定，重点生态功能区转移支付的绩效考评包括资金分配情况和资金使用效果。资金分配情况主要是指“资金到位率”，主要考评资金是否以一般性转移支付的方式及时、足额拨付给受偿的重点生态功能区县。资金使用效果主要包括“环境保护”和“公共服务”两方面，其中“环境保护”主要依靠县域生态环境状况指数（EI）监测重点生态功能区的县域生态环境质量，“公共服务”则主要评估受偿重点生态功能区县的教育、医疗、社会保险等公共服务状况。2011 年出台的《国家重点生态功能区转移支付办法》基本沿用了试点办法中的绩效考评体系，虽然将资金使用效果考核的内容更名为“环境保护和治理”与“基本公共服务”，但其考核指标没有发生变化。因此，本研究主要基于《国家重点生态功能区转移支付办法》，在查阅相关文献和现有研究报告、咨询专家及部门走访调研的基础上，结合深圳市实际情况，在准则层的限制下对市政府、区政府、社区和原村民分别选择了 14 个、11 个、10 个和 7 个指标，具体见表 5-1 ～表 5-4。

表 5-1　深圳市生态保护补偿绩效评估指标——市政府部分

目标层	准则层	指标层
生态保护补偿绩效评估	组织落实情况	生态保护补偿实施方案制定及落实情况
		生态保护补偿信托基金运行情况
		对各区政府生态保护补偿考核开展情况
		原村民生态保护补偿政策满意度
	生态管护成效	林地面积变化率
		城市绿地面积变化率
		农用地面积变化率
		水域面积变化率
		滩涂湿地面积变化率
		未利用地面积变化率
		保护区内违法开发与整改情况
		重大环境污染、生态破坏事故发生情况
	民生改善状况	原村民失业率
		原村民人均收入增长率

表 5-2　深圳市生态保护补偿绩效评估指标——区政府部分

目标层	准则层	指标层
生态保护补偿绩效评估	组织落实情况	对各社区生态保护补偿考核开展情况
	生态管护成效	林地面积变化率
		城市绿地面积变化率
		农用地面积变化率
		水域面积变化率
		滩涂湿地面积变化率
		未利用地面积变化率
		保护区内违法开发与整改情况
		重大环境污染、生态破坏事故发生情况
	民生改善状况	原村民失业率
		原村民人均收入增长率

表 5-3　深圳市生态保护补偿绩效评估指标——社区部分

目标层	准则层	指标层
生态保护补偿绩效评估	组织落实情况	落实本社区生态环保管护责任人
		生态保护补偿考核开展情况
		生态文明建设宣传活动
	生态管护成效	生态资源状况指数（ERI）
		节约用水
		节约用电
		节约用气
		垃圾分类达标小区覆盖率
		保护区内违法开发与整改情况
		重大环境污染、生态破坏事故发生情况

表 5-4　深圳市生态保护补偿绩效评估指标——原村民部分

目标层	准则层	指标层
生态保护补偿绩效评估	生态环境保护行为	配合社区开展有关生态环境管护工作
		对破坏自然资源和生态环境的违法行为进行举报
		主动对保护区内建筑物进行改造转型或清退复绿
	生态环境破坏行为	毁林
		违法抢建抢种
		不配合政府依法征地所涉及的搬迁、拆迁、土地整备及附着物征收等工作
		偷排、漏排、超标排放污染物造成环境影响

5.3.3　指标解释

依照 5.3.2 小节建立的评估指标体系，本小节就相关指标的定义说明、计算方式和数据来源等进行解释与说明。

（1）生态保护补偿实施方案制定及落实情况

有无制定生态保护补偿实施方案并从实施方案的科学性、公平性、可操作性、长效性等方面进行衡量。生态保护补偿实施方案是否按计划落实，资金是否专款专用、有无进行审计，各部门是否积极推进生态保护补偿落实。

（2）生态保护补偿信托基金运行情况

生态保护补偿信托基金收益率是否达到成立时所设定的目标，信托基金的资金使用是否达到审计要求，基金投资标的是否为优良资产。

（3）对各区政府生态保护补偿考核开展情况

市政府是否对涉及生态保护补偿的各区政府定期开展生态保护补偿考核工作。

（4）原村民生态保护补偿政策满意度

补偿对象原村民对补偿政策实施的满意度，由问卷调查结果得到。

（5）林地/城市绿地/农用地/水域/滩涂湿地/未利用地面积变化率

统计并核查辖区内各类生态资源面积变化率。某类生态资源面积变化率（%）=当年某类生态资源面积/上一年某类生态资源面积×100%。

（6）保护区内违法开发与整改情况

生态保护区内是否有违法开发情况，若有违法开发是否进行整改。

（7）重大环境污染、生态破坏事故发生情况

辖区是否有重大环境污染、生态破坏事故的发生，若有发生，有无及时采取应急措施。

（8）原村民失业率

涉及生态保护补偿的社区中年度内满足全部就业条件的就业原村民人口中仍未有工作的劳动力比例。原村民失业率（%）=满足全部就业条件但未就业人口/原村民总人口×100%。

（9）原村民人均收入增长率

生态保护补偿范围内原村民人均收入较上一年的增长情况。原村民人均收入增长率（%）=(本年度人均收入–上一年度人均收入)/上一年度人均收入×100%。

（10）对各社区生态保护补偿考核开展情况

区政府是否按照市政府的要求对生态保护补偿范围内的社区定期开展生态保护补偿考核工作。

（11）落实本社区生态环保管护责任人

有明确的责任人负责本社区生态环保管护工作的日常开展、组织管理等。

（12）生态保护补偿考核开展情况

是否对补偿对象开展生态保护补偿考核工作。

（13）生态文明建设宣传活动

社区有无在辖区各村、小区定期组织辖区居民参与生态文明建设宣传活动，

有无在社区设置生态文明建设宣传栏。

（14）生态资源状况指数（ERI）

反映社区生态资源状况的综合指数。计算方法：ERI=0.35×植被覆盖指数+0.35×水面覆盖指数+0.2×（100–建设用地指数）+0.1×（100–未利用地指数）。

（15）节约用水

节约用水核算以社区（小区）去年同期用水数据为基准，当年实际用量与去年用量的差为节约量，节约量与去年用量的比例即为节约比例。

（16）节约用电

节约用电核算以社区（小区）去年同期用电数据为基准，当年实际用量与去年用量的差为节约量，节约量与去年用量的比例即为节约比例。

（17）节约用气

节约用气核算以社区（小区）去年同期用气数据为基准，当年实际用量与去年用量的差为节约量，节约量与去年用量的比例即为节约比例。

（18）垃圾分类达标小区覆盖率

社区垃圾分类达标小区覆盖情况。垃圾分类达标小区覆盖率=垃圾分类达标小区数量/社区小区总数量。

（19）配合社区开展有关生态环境管护工作

原村民义务或非义务参与社区设立的生态环境管护，按社区要求开展监督、管护等日常工作。

（20）对破坏自然资源和生态环境的违法行为进行举报

原村民发现破坏自然资源和生态环境的违法行为需及时向社区进行举报，加强原村民对生态环境保护的监督作用。

（21）主动对保护区内建筑物进行改造转型或清退复绿

按照基本生态控制线、生态保护红线的管控要求，严格控制线内的建设活动，对线内重要生态功能区建设用地需开展清退和生态修复。若有主动开展此项工作的，在绩效评估中以奖励的形式体现。

（22）毁林

原村民对生态保护区内的林木自行砍伐，需在绩效评估中以惩罚的形式体现。

（23）违法抢建抢种

原村民在土地征收（用）公告发布后，仍改变土地现状搭建违法建筑或开展农业种植，需在绩效评估中以惩罚的形式体现。

（24）不配合政府依法征地所涉及的搬迁、拆迁、土地整备及附着物征收等工作

原村民在政府开展依法征地所涉及的搬迁、拆迁、土地整备及附着物征收等工作中，强加阻挠，扰乱社区稳定的需在绩效评估中以惩罚的形式体现。

（25）偷排、漏排、超标排放污染物造成环境影响

原村民在保护区内偷排、漏排、超标排放污染物造成环境影响的，需在绩效评估中以惩罚的形式体现。

5.4　绩效评估方法

生态保护补偿绩效评估涉及自然、经济和社会等多个方面，是典型的多因素综合评估问题。在评估过程中除了基于客观监测数据的定量分析，还需要评估主体和评估参与者对影响程度做出主观的判断。在实际判断过程中，受能力、知识及客观因素的影响，评估结果不可避免地带有一定的模糊性。因此，需要采用一定的科学方法来最大限度地消除这种主观性和模糊性对评估结果的影响，最大限度地保证综合评估结果的可靠性。

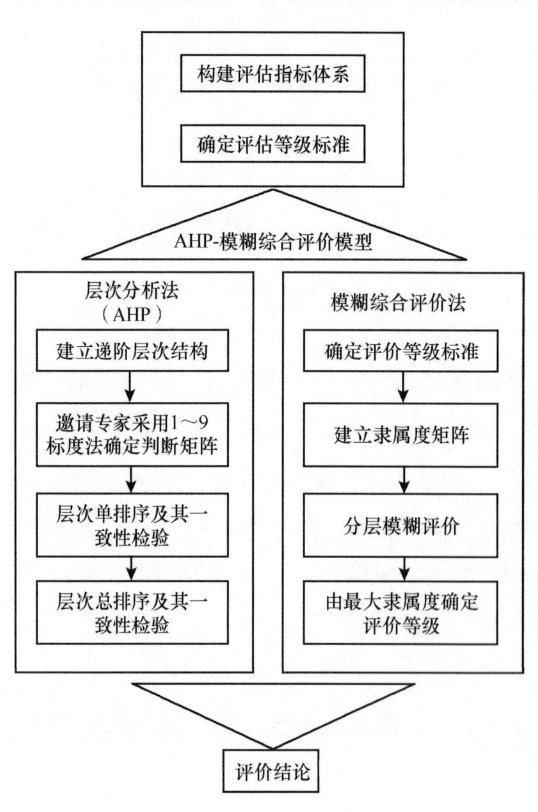

图 5-3　绩效评估模型思路

为了最大限度地消除主观因素和模糊性对评估结果带来的不确定性影响，本研究将层次分析法（AHP）和模糊综合评价法结合起来，构建了一个两者有机结合的评估模型——AHP-模糊综合评价模型。该模型有两个主要部分，首先是运用层次分析法确定补偿政策评估指标层和指标权重，主要方法是 1～9 标度法；在层次分析确定指标权重的基础上，采用多层次模糊综合评价法对生态保护补偿政策实施带来的效果进行综合评价，实现多因素、多层次的客观评价，通过科学的数学计算消除模糊性对评估结果的影响。具体过程如图 5-3 所示。

5.4.1　层次分析法

1. 层次分析法介绍

层次分析法（AHP）是一种目前较为广泛采用的指标权重确定方法，该方法是美国运筹学家萨蒂（T. L. Saaty）在 20 世纪 70 年代提出来的，能够实现定性和定量分析相结合。该方法主要用于评价多目标、多准则的复杂问题，在有效分析的基础上将各影响因素划分为多个层次的评价系统，由专家根据经验判断给出各指标的相对重要程度，并在科学计算的基础上得到每个影响因素的权重。该方法能够将决策的思维过程层次化和数学化，用较少的定量分析解决复杂决策问题的分析，具有系统、灵活和简便的特点。层次分析法尤其适用于主观判断起决定作用、决策结果很难定量化的问题的判断，是一种较为实用和客观的决策分析工具。运用层次分析法解决实际问题包括将实际问题层次化并构建多层次的分析结构模型、构造判断矩阵、确定底层因素相对于高层因素的相对权重。

2. 层次分析法确定指标权重

层次分析法求解问题的整个过程体现了人的大脑思维的基本特征：分解—判断—综合，首先将复杂问题层次化，进而进行主观判断和客观计算，使决策的过程系统化、数量化。具体步骤如下。

（1）建立阶梯层次结构模型

首先构建评估指标体系，通过对评判对象进行层次分析，确立清晰的阶梯形指标体系，一般包括目标层 A、准则层 B、指标层 C，给出评判对象的因素集和子因素集，按照评价指标体系的层次隶属关系构建一个递阶层次结构模型，如图 5-4 所示。

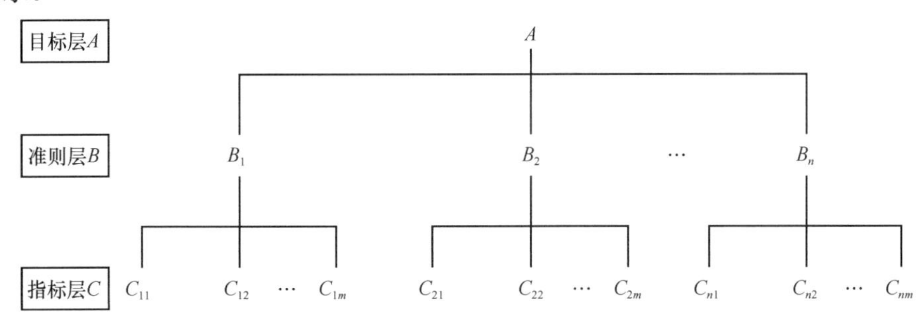

图 5-4　阶梯层次指标体系结构图

（2）根据标度理论构造判断矩阵

对评价因素进行两两比较，由专家做出判读，具体方法采用 1 ～ 9 标度法。根据专家的判断对指标的重要程度进行定量的标度，进而确定每一个指标的重要性，方法如表 5-5 所示。

表 5-5　指标重要程度 1 ～ 9 标度表

标度 b_{ij}	含义	说明
$b_{ij}=B_i/B_j=1$	同等重要	B_i 与 B_j 比较，同等重要
$b_{ij}=B_i/B_j=3$	稍微重要	B_i 与 B_j 比较，B_i 比 B_j 稍微重要
$b_{ij}=B_i/B_j=5$	明显重要	B_i 与 B_j 比较，B_i 比 B_j 明显重要
$b_{ij}=B_i/B_j=7$	非常重要	B_i 与 B_j 比较，B_i 比 B_j 非常重要
$b_{ij}=B_i/B_j=9$	绝对重要	B_i 与 B_j 比较，B_i 比 B_j 绝对重要
$b_{ij}=B_i/B_j=2, 4, 6, 8$	中值	上述两相邻判断的中值
倒数	反比较	B_j 与 B_i 比较得到判断 b_{ji}，则 $b_{ji}=1/b_{ij}$

专家对各个元素进行两两比较并给出评分结果，可得到两两比较的判断矩阵。判断矩阵表示的是某层的各个因素相对于上一层中某个因素的影响程度，如第 i 层的因素 $B_1, B_2, \cdots, B_n$，以及相邻上一层次中的一个因素 A，两两比较第 i 层的所有因素对 A 因素的影响程度可用 $b_{ij}=B_i/B_j$ 表示，其含义是对 A 这一评价目标而言因素 B_i 对因素 B_j 的相对重要性，如表 5-6 所示。对于判断矩阵的元素 b_{ij}，显然有性质：$b_{ij}>0$；$b_{ii}=1$；$b_{ji}=1/b_{ij}$（特点是对角线上的元素为 1，即每个元素相对于自身的重要性相同）。

表 5-6　*A-B* 判断矩阵

A	B_1	B_2	…	B_i	…	B_n
B_1	1	b_{12}	…	b_{1i}	…	b_{1n}
B_2	b_{21}	1	…	b_{2i}	…	b_{2n}
…	…	…	1	…	…	…
B_i	b_{i1}	b_{i2}	…	1	…	b_{in}
…	…	…	…	…	1	…
B_n	b_{n1}	b_{n2}	…	b_{ni}	…	1

（3）求解判断矩阵 *W* 确定相对权重系数

根据判断矩阵进行层次排序，进而确定评价因素和评价因子权重。每一层次对上一层次中某因素的判断矩阵的最大特征值 λ_{max} 对应的归一化特征向量 $\boldsymbol{W}$=（W_1, W_2, …, W_n）^{T} 的各个分量 W_i 为相应元素层次单排序的权重值，具体做法如下。

1）对 $\boldsymbol{A}$ 的判断矩阵按列进行归一化处理，有

$$\overline{A_{ij}} = \frac{A_{ij}}{\sum_{i=1}^{n} A_{ij}}$$

式中，i, j=1, 2, 3, …, n，则 $\overline{\boldsymbol{A}} = \left(\overline{A_{ij}}\right)$。

2）对 $\overline{\boldsymbol{A}}$ 进行和计算，得

$$\overline{\boldsymbol{W}} = \left[\overline{W_1}, \overline{W_2}, \ldots \overline{W_n}\right]^{\mathrm{T}},\ \overline{W_i} = \sum_{j=1}^{n} \overline{A_{ij}}$$

3）对 $\overline{\boldsymbol{W}}$ 进行归一化处理，得

$$\boldsymbol{W} = \left[W_1, W_2, \ldots, W_n\right]^{\mathrm{T}},\ W_j = \frac{\overline{W_i}}{\sum_{i=1}^{n} \overline{W_i}}$$

4）最大特征值求解，有

$$\lambda_{max} = \frac{1}{n} \sum_{i=1}^{n} \left(\frac{\sum_{j=1}^{n} A_{ij} W_j}{W_j} \right)$$

（4）进行层次排序和一致性检验

在解决问题的实际过程中，需要对判断矩阵进行一致性检验，以使其满足总体一致性。只有通过检验，才能继续分析结果，因此这时的判断矩阵才是可取的。一致性检验的步骤如下。

第一步：计算一致性指标 $CI=(\lambda_{max}-n)/(n-1)$。

第二步：查找平均随机一致性指标 RI。表 5-7 给出了 RI 值，当阶数 $n \geqslant 3$ 时，把 CI 与 RI 之比定义为一致性比率 CR，即 CR=CI/RI。通常情况下，当 CR ＜ 0.10 时判断矩阵具有满意的一致性，否则应对判断矩阵做一定程度的修正。

表 5-7　平均随机一致性指标 RI 的取值

阶数	1	2	3	4	5	6	7	8	9	10	11	12
RI 值	0.00	0.00	0.58	0.90	1.12	1.24	1.32	1.41	1.45	1.49	1.51	1.48

5.4.2 模糊综合评价法

1. 模糊综合评价法介绍

模糊综合评价法（fuzzy comprehensive evaluation，FCE）是在模糊数学的基础上建立的一种对实际问题进行综合评价的评价方法，其基础是模糊数学。模糊数学是由美国控制论专家查德（L. A. Zadeh）教授所创立，最早见于其 1965 年发表的论文《模糊集合论》，在这篇论文中他提出建立模糊集合论并引入了隶属函数，模糊数学由此诞生。模糊综合评价法则是根据模糊数学的一些基本原理，对边界不明、不定量的因素进行定量分析，通过确定隶属度等级进行综合评价的一种评价方法。我国学者汪培庄最早提出模糊综合评价法概念，所谓模糊综合评价法就是运用模糊数学和模糊统计方法，应用模糊变换原理和最大隶属度原则，考虑与被评价事物相关的各个因素，从而对其做出综合评价。模糊综合评价法具有显著的优点，如模型相对简单和易于操作、能够对多层次的问题进行较好的判断、能够将定性分析和定量分析相结合、弥补定性分析的缺陷及评价结果不受评价对象所处集合的影响等，是一种相对科学、合理的评价方法。

2. 应用模糊综合评价法进行综合评估

（1）建立评价子集

评价子集 $\boldsymbol{U}$ 是影响评价对象的各个因素所组成的集合，可表示为 $\boldsymbol{U}=\{u_1, u_2,\cdots, u_n\}$，其中 u_i（i=1, 2,⋯, n）是评价因素，n 是同一层次上单个因素的个数。

（2）确定评价集合

评价集合 $\boldsymbol{V}=\{v_1, v_2,\cdots, v_n\}$，其中 v_j（j=1, 2,⋯, n）是评价等级标准。这一集合为评价的所有可能结果，即对各项指标满意度设定的几种不同的评语等级，通过模糊综合评价，从评语集中选取一个最准确的结果，这也是模糊综合评价法的目的所在。

（3）确定目标分配权重集

运用 AHP 确定指标体系中各类指标和各级指标的权重，具体见 5.4.1 小节中指标相对权重的确定。

（4）构建隶属度矩阵

构造了评价因素子集后，要一一对被评对象从每个因素上进行量化，即确定单因素与被评对象对等级模糊子集的隶属度，得到模糊关系矩阵。这首先需要建立单因素评价结果统计表，本研究采用和积法对评估结果进行归一化处理，得到各个因素的判断矩阵。然后进行一级模糊综合，确定模糊关系矩阵 $\boldsymbol{R}$。具体步骤如下。

首先，构建隶属度子集 $\boldsymbol{R}_i$，$\boldsymbol{R}_i=\{r_{i1}, r_{i2}, \cdots, r_{in}\}$，其中 $\boldsymbol{R}_i$ 是评价因素中第 i 个指标对应于评价集合中每个评价标准 $v_1, v_2,\cdots, v_n$ 的隶属度，具体计算方法为

$$r_{ij}=\frac{\text{第}i\text{个指标中选择}v_j\text{等级的人数}}{\text{参与评价的总人数}} \quad (j=1, 2,\cdots, n)$$

根据隶属度子集构建相应指标的模糊评价矩阵，对模糊评价矩阵进行复合运算并进行归一化处理，得到上一级指标的隶属度判断值。按照同样的方法对其他指标进行同样的运算，得到最终模糊关系矩阵 $\boldsymbol{R}$：

$$\boldsymbol{R}=\begin{bmatrix} r_{1i} & \cdots & r_{1n} \\ \vdots & \ddots & \vdots \\ r_{ni} & \cdots & r_{nn} \end{bmatrix}$$

（5）确定权向量

在模糊综合评价中，使用层次分析法确定评价因素的权向量，$\boldsymbol{W}=(w_1, w_2,\cdots, w_n)$。同样运用层次分析法确定因素的相对重要性，进而确定各指标的权重系数。

（6）确定综合评价的模糊算子

在确定了模糊关系矩阵 $\boldsymbol{R}$ 和权向量 $\boldsymbol{W}$ 后，需要进行模糊综合评价，这就要确定综合评价的模糊算子。常见的模糊算子关系类型有四种，具体内容如表 5-8 所示，其中第四种模糊算子即加权平均型模糊算子最为常用，因为其兼顾各评价指标的权重，能够完整体现被评价对象的整体特征。通过比较分析，本研究将采用这种模糊算子进行模糊综合评价，确定被评价对象的最终评价等级。

表 5-8　模糊综合评价的模糊算子

序号	模型	算子	计算公式	模糊矩阵利用程度	类型
1	M（∧，∨）	∧∨	$b_j=V_{i=1}^{n}\left(a_i\wedge r_{ij}\right)$	不充分	主要因素决定
2	M（·，∨）	·∨	$b_j=V_{i=1}^{n}\left(a_i r_{ij}\right)$	不充分	主要因素突出
3	M（∨，⊕）	∨⊕	$b_j=\sum_{j=1}^{n}\left(a_i\wedge r_{ij}\right)$	比较充分	不均衡平均
4	M（·，⊕）	·⊕	$b_j=\sum_{i=1}^{n}\left(a_i r_{ij}\right)$	充分	加权平均

（7）合成总目标评价向量

在分析的基础上，将权向量 $\boldsymbol{W}$ 和模糊关系矩阵 $\boldsymbol{R}$ 进行复合运算，得到模糊综合评价结果：

$$\boldsymbol{B}=\boldsymbol{W}\times\boldsymbol{R}=\left[w_1,w_2,\cdots,w_n\right]\times\begin{bmatrix} r_{1i} & \cdots & r_{1n} \\ \vdots & \ddots & \vdots \\ r_{ni} & \cdots & r_{nn} \end{bmatrix}$$

5.5 生态保护补偿绩效综合评估

5.5.1 评估指标体系构建

本研究对深圳市生态保护补偿绩效评估采用的指标体系是5.3节中所确定的指标体系，具体见表5-1～表5-4。为了确定绩效评估指标体系中各级指标的权重，本研究采用层次分析法计算得到各个指标的权重系数。具体做法是：邀请10名专家，采用重要程度1～9标度的方法将指标体系中同层指标进行两两比较，得出指标的相对重要性，再由课题组依据层次分析法的具体步骤，根据专家打分得出各级指标权重，并进行平均。由于篇幅限制，此处仅展示一位专家对绩效评估指标体系中市政府部分的打分及具体计算过程。

1. 准则层指标权重计算

准则层共有组织落实情况、生态管护成效和民生改善状况三项指标，根据专家打分，得到判断矩阵（表5-9）。

表5-9　*A*-*B* 判断矩阵及权重

A	组织落实情况（B_1）	生态管护成效（B_2）	民生改善状况（B_3）	归一化权重
组织落实情况（B_1）	1	1/4	2	0.193
生态管护成效（B_2）	4	1	6	0.700
民生改善状况（B_3）	1/2	1/6	1	0.107
$\lambda_{\max}\approx3.01$		CI≈0.005		$\sum$=1
CR≈0.01		满足一致性检验		

计算过程如下。

（a）对于 ***A*-*B*** 有判断矩阵

$$\boldsymbol{B}=\begin{bmatrix} 1 & \frac{1}{4} & 2 \\ 4 & 1 & 6 \\ \frac{1}{2} & \frac{1}{6} & 1 \end{bmatrix}$$

用和积法对矩阵 $\boldsymbol{B}$ 进行归一化处理得

$$\bar{\boldsymbol{B}}=\begin{bmatrix} \frac{2}{11} & \frac{3}{17} & \frac{2}{9} \\ \frac{8}{11} & \frac{12}{17} & \frac{2}{3} \\ \frac{1}{11} & \frac{2}{17} & \frac{1}{9} \end{bmatrix}$$

（b）对 $\bar{\boldsymbol{B}}$ 进行和运算，得

$$\overline{\boldsymbol{W}}=\begin{bmatrix} \frac{977}{1683} \\ \frac{1178}{561} \\ \frac{538}{1683} \end{bmatrix}$$

（c）对 $\overline{\boldsymbol{W}}$ 进行归一化处理，得

$$\boldsymbol{W}=\begin{bmatrix} \frac{977}{5049} \\ \frac{1178}{1683} \\ \frac{538}{5049} \end{bmatrix}$$

即权向量集为 $\boldsymbol{W}=\begin{bmatrix}0.193 & 0.700 & 0.107\end{bmatrix}^{\mathrm{T}}$。

（d）求判断矩阵的 $\lambda_{\max}$，得

$$\lambda_{\max}=\frac{1}{3}\left(\frac{1\times\frac{977}{1683}+\frac{1}{4}\times\frac{1178}{561}+2\times\frac{538}{1683}}{\frac{977}{1683}}+\frac{4\times\frac{977}{1683}+1\times\frac{1178}{561}+6\times\frac{538}{1683}}{\frac{1178}{561}}+\frac{\frac{1}{2}\times\frac{977}{1683}+\frac{1}{6}\times\frac{1178}{561}+1\times\frac{538}{1683}}{\frac{538}{1683}}\right)\approx 3.01$$

（e）进行一致性检验

$$\mathrm{CI}=\frac{\lambda_{\max}-n}{n-1}\approx 0.005$$

根据表 5-7 一致性指标 RI 的值，当 n=3 时，修正系数 RI=0.58，计算得 $\mathrm{CR}=\frac{\mathrm{CI}}{\mathrm{RI}}\approx 0.01<0.1$，进而可知矩阵具有一致性，各指标权重分配合理。

2. 指标层权重计算

（1）组织落实情况子指标权重

组织落实情况下共有生态保护补偿实施方案制定及落实情况、生态保护补偿信托基金运行情况、对各区政府生态保护补偿考核开展情况及原村民生态保护补偿政策满意度，根据专家打分，得到判断矩阵（表 5-10）。

表 5-10 ***A-B*** 判断矩阵及权重

A	生态保护补偿实施方案制定及落实情况（B_{11}）	生态保护补偿信托基金运行情况（B_{12}）	对各区政府生态保护补偿考核开展情况（B_{13}）	原村民生态保护补偿政策满意度（B_{14}）	归一化权重
生态保护补偿实施方案制定及落实情况（B_{11}）	1	1/3	1	1/2	0.141
生态保护补偿信托基金运行情况（B_{12}）	3	1	3	2	0.455
对各区政府生态保护补偿考核开展情况（B_{13}）	1	1/3	1	1/2	0.141
原村民生态保护补偿政策满意度（B_{14}）	2	1/2	2	1	0.263
$\lambda_{\max}$=4.01			CI ≈ 0.003		$\sum$=1
CR ≈ 0.003			满足一致性检验		

计算过程如下。

（a）对于 ***A-B*** 有判断矩阵

$$B=\begin{bmatrix}1 & \frac{1}{3} & 1 & \frac{1}{2}\\ 3 & 1 & 3 & 2\\ 1 & \frac{1}{3} & 1 & \frac{1}{2}\\ 2 & \frac{1}{2} & 2 & 1\end{bmatrix}$$

用和积法对矩阵 $\boldsymbol{B}$ 进行归一化处理得

$$\overline{B}=\begin{bmatrix}\frac{1}{7} & \frac{2}{13} & \frac{1}{7} & \frac{1}{8}\\ \frac{3}{7} & \frac{6}{13} & \frac{3}{7} & \frac{1}{2}\\ \frac{1}{7} & \frac{2}{13} & \frac{1}{7} & \frac{1}{8}\\ \frac{2}{7} & \frac{3}{13} & \frac{2}{7} & \frac{1}{4}\end{bmatrix}$$

（b）对 $\overline{\boldsymbol{B}}$ 进行和运算，得到

$$\overline{W}=\begin{bmatrix}\frac{411}{728}\\ \frac{1324}{728}\\ \frac{411}{728}\\ \frac{766}{728}\end{bmatrix}$$

（c）对 $\overline{\boldsymbol{W}}$ 进行归一化处理，得

$$W=\begin{bmatrix}\frac{411}{2912}\\ \frac{1324}{2912}\\ \frac{411}{2912}\\ \frac{766}{2912}\end{bmatrix}$$

即权向量集为 $\boldsymbol{W}=\begin{bmatrix}0.141 & 0.455 & 0.141 & 0.263\end{bmatrix}^{\mathrm{T}}$。

（d）求半段矩阵的 $\lambda_{\max}$，得

$$\lambda_{\max}=\frac{1}{4}\left(\frac{1\times\frac{411}{728}+\frac{1}{3}\times\frac{1324}{728}+1\times\frac{411}{728}+\frac{1}{2}\times\frac{766}{728}}{\frac{411}{728}}+\frac{3\times\frac{411}{728}+1\times\frac{1324}{728}+3\times\frac{411}{728}+2\times\frac{766}{728}}{\frac{1324}{728}}+\frac{1\times\frac{411}{728}+\frac{1}{3}\times\frac{1324}{728}+1\times\frac{411}{728}+\frac{1}{2}\times\frac{766}{728}}{\frac{411}{728}}+\frac{2\times\frac{411}{728}+\frac{1}{2}\times\frac{1324}{728}+2\times\frac{411}{728}+1\times\frac{766}{728}}{\frac{766}{728}}\right)$$

$$\approx 4.01$$

（e）进行一致性检验

$$\mathrm{CI}=\frac{\lambda_{\max}-n}{n-1}\approx 0.003$$

根据表 5-7 一致性指标 RI 的值，当 n=4 时，修正系数 RI=0.90，计算得 $\mathrm{CR}=\frac{\mathrm{CI}}{\mathrm{RI}}\approx 0.003<0.1$，进而可知矩阵具有一致性，各指标权重分配合理。

（2）生态管护成效子指标权重

生态管护成效下共有林地面积变化率（B_{21}），城市绿地面积变化率（B_{22}），农用地面积变化率（B_{23}），水域面积变化率（B_{24}），滩涂湿地面积变化率（B_{25}），未利用地面积变化率（B_{26}），保护区内违法开发与整改情况（B_{27}），重大环境污染、生态破坏事故发生情况（B_{28}）8 项指标。计算方法同上，由于篇幅限制，仅展示计算结果，见表 5-11。

表 5-11　*A-B* 判断矩阵及权重

A	B_{21}	B_{22}	B_{23}	B_{24}	B_{25}	B_{26}	B_{27}	B_{28}	归一化权重
B_{21}	1	1	1	1	1	3	1/2	1/3	0.098
B_{22}	1	1	1	1	1	3	1/2	1/3	0.098
B_{23}	1	1	1	1	1	3	1/2	1/3	0.098
B_{24}	1	1	1	1	1	3	1/2	1/3	0.098
B_{25}	1	1	1	1	1	3	1/2	1/3	0.098
B_{26}	1/3	1/3	1/3	1/3	1/3	1	1/5	1/6	0.035
B_{27}	2	2	2	2	2	5	1	1/2	0.185
B_{28}	3	3	3	3	3	6	2	1	0.290
$\lambda_{\max}$=8.79				CI=0.113					$\sum$=1
CR=0.08				满足一致性检验					

（3）民生改善状况子指标权重

民生改善状况下共有原村民失业率及原村民人均收入增长率2项指标。计算方法同上，由于篇幅限制，仅展示计算结果，见表5-12。

表5-12 *A-B* 判断矩阵及权重

A	B_{31}	B_{32}	归一化权重
B_{31}	1	1	0.5
B_{32}	1	1	0.5
λ_{max}=/	CI=/		$\sum$=1
CR=/	满足一致性检验		

根据上文所述方法，综合10位专家的打分，分别构建深圳市政府、区政府、社区生态保护补偿绩效评估指标体系，见表5-13～表5-15。原村民的绩效评估指标体系采取的是加减分的方式，加减分比例通过综合10位专家的意见形成，见表5-16。

表5-13 深圳市生态保护补偿绩效评估指标体系——市政府部分

目标层	准则层	权重	指标层	权重
生态保护补偿绩效评估	组织落实情况	0.20	生态保护补偿实施方案制定及落实情况	0.05
			生态保护补偿信托基金运行情况	0.10
			对各区政府生态保护补偿考核开展情况	0.025
			原村民生态保护补偿政策满意度	0.025
	生态管护成效	0.70	林地面积变化率	0.085
			城市绿地面积变化率	0.085
			农用地面积变化率	0.085
			水域面积变化率	0.085
			滩涂湿地面积变化率	0.085
			未利用地面积变化率	0.025
			保护区内违法开发与整改情况	0.10
			重大环境污染、生态破坏事故发生情况	0.15
	民生改善状况	0.10	原村民失业率	0.05
			原村民人均收入增长率	0.05

表 5-14　深圳市生态保护补偿绩效评估指标体系——区政府部分

目标层	准则层	权重	指标层	权重
生态保护补偿绩效评估	组织落实情况	0.10	对各社区生态保护补偿考核开展情况	0.10
	生态管护成效	0.80	林地面积变化率	0.097
			城市绿地面积变化率	0.097
			农用地面积变化率	0.097
			水域面积变化率	0.097
			滩涂湿地面积变化率	0.097
			未利用地面积变化率	0.029
			保护区内违法开发与整改情况	0.114
			重大环境污染、生态破坏事故发生情况	0.172
	民生改善状况	0.10	原村民失业率	0.05
			原村民人均收入增长率	0.05

表 5-15　深圳市生态保护补偿绩效评估指标——社区部分

目标层	准则层	权重	指标层	权重
生态保护补偿绩效评估	组织落实情况	0.10	落实本社区生态环保管护责任人	0.03
			生态保护补偿考核开展情况	0.05
			生态文明建设宣传活动	0.02
	生态管护成效	0.90	生态资源状况指数（ERI）	0.10
			节约用水	0.10
			节约用电	0.10
			节约用气	0.10
			垃圾分类达标小区覆盖率	0.10
			保护区内违法开发与整改情况	0.20
			重大环境污染、生态破坏事故发生情况	0.20

表 5-16　深圳市生态保护补偿绩效评估指标——原村民部分

目标层	准则层	权重	指标层	权重
生态保护补偿绩效评估	生态环境保护行为	0.18	配合社区开展有关生态环境管护工作	0.04
			对破坏自然资源和生态环境的违法行为进行举报	0.04
			主动对保护区内建筑物进行改造转型或清退复绿	0.10

续表

目标层	准则层	权重	指标层	权重
生态保护补偿绩效评估	生态环境破坏行为	−1	毁林	−1
			违法抢建抢种	−1
			不配合政府依法征地所涉及的搬迁、拆迁、土地整备及附着物征收等工作	−1
			偷排、漏排、超标排放污染物造成环境影响	−1

5.5.2　模糊综合评价

本研究在 5.3 节建立了深圳市生态保护补偿绩效评估的指标体系，在 5.5.1 小节运用层次分析法计算得到了各个指标的权重系数，能定量评估实施生态保护补偿后取得的成效。本小节在此基础上，运用模糊综合评价法评价深圳市、各区和各个社区（不开展原村民模糊综合评价）实施生态保护补偿的效果，旨在通过模糊综合评价，将补偿效果分为很好、较好、一般、较差、很差五个等级，以定性的方法给人直观感受，弥补层次分析法的不足。

模糊综合评价的总体思路是根据表 5-13 ～表 5-15 所示的生态保护补偿绩效评估指标体系进行评价，评估指标体系共由两级指标构成，每类评估指标的一级指标都对应有二级指标。因此，需要先对每个一级指标所对应的二级指标进行模糊综合评价，然后与对应的级别指标的权重系数进行相应的模糊综合，得到该类指标的二级模糊综合评价隶属度，再通过二级指标隶属度及对应级别的指标权重系数进行模糊综合，得到生态保护补偿绩效评估的综合评价隶属度，进而得到综合评价结果，具体步骤如下。

（1）构建各级指标评价子集

$$\boldsymbol{B}_1=\{B_{11},\ B_{12},\ B_{13}\}$$

$$\boldsymbol{B}_2=\{B_{21},\ B_{22},\ B_{23},\ B_{24},\ B_{25},\ B_{26},\ B_{27},\ B_{28}\}$$

$$\boldsymbol{B}_3=\{B_{31},\ B_{32}\}$$

（2）确定评价集合

本研究在查阅大量参考文献的基础上，结合本领域研究专家的意见，将评价结果分为 5 个等级。评价集合 $\boldsymbol{V}=\{V_1,V_2,V_3,V_4,V_5\}=\{$很好，较好，一般，较差，很差$\}$。

（3）确定评价目标的分配权重

权重的大小根据层次分析法的权重分配结果确定，详见表 5-13 ～表 5-15。

（4）指标评价

整理评价指标体系中各级指标对应的基础数据，分别组成评审小组对深圳市、各区、各个社区进行综合评价。全市评审小组由25人组成，其中相关领域专家10名，市生态环境局代表3名，区代表4名，社区负责人3名，原村民代表5名；各区评审小组由20人组成，其中相关领域专家8名，区代表4名，社区负责人3名，原村民代表5名；社区评审小组由14人组成，其中相关领域专家6名，社区负责人3名，原村民代表5名。评审小组根据基础数据，对各项指标进行单项选择，选择等级为很好、较好、一般、较差或很差。

（5）构建隶属度矩阵

统计评价结果见表5-17～表5-19，表中填入数值代表选择该评价等级的人数。

表5-17　深圳市模糊绩效评估评审打分表——市政府部分

目标层	准则层	指标层	很好	较好	一般	较差	很差
生态保护补偿绩效评估	组织落实情况	生态保护补偿实施方案制定及落实情况					
		生态保护补偿信托基金运行情况					
		对各区政府生态保护补偿考核开展情况					
		原村民生态保护补偿政策满意度					
	生态管护成效	林地面积变化率					
		城市绿地面积变化率					
		农用地面积变化率					
		水域面积变化率					
		滩涂湿地面积变化率					
		未利用地面积变化率					
		保护区内违法开发与整改情况					
		重大环境污染、生态破坏事故发生情况					
	民生改善状况	原村民失业率					
		原村民人均收入增长率					

表5-18　深圳市模糊绩效评估评审打分表——区政府部分

目标层	准则层	指标层	很好	较好	一般	较差	很差
生态保护补偿绩效评估	组织落实情况	对各社区生态保护补偿考核开展情况					
	生态管护成效	林地面积变化率					
		城市绿地面积变化率					
		农用地面积变化率					

续表

目标层	准则层	指标层	很好	较好	一般	较差	很差
生态保护补偿绩效评估	生态管护成效	水域面积变化率					
		滩涂湿地面积变化率					
		未利用地面积变化率					
		保护区内违法开发与整改情况					
		重大环境污染、生态破坏事故发生情况					
	民生改善状况	原村民失业率					
		原村民人均收入增长率					

表 5-19　深圳市模糊绩效评估评审打分表——社区部分

目标层	准则层	指标层	很好	较好	一般	较差	很差
生态保护补偿绩效评估	组织落实情况	落实本社区生态环保管护责任人					
		生态保护补偿考核开展情况					
		生态文明建设宣传活动					
	生态管护成效	生态资源状况指数（ERI）					
		节约用水					
		节约用电					
		节约用气					
		垃圾分类达标小区覆盖率					
		保护区内违法开发与整改情况					
		重大环境污染、生态破坏事故发生情况					

运用 5.4.2 小节中的方法构建判断矩阵，运用和积法求得隶属度子集及各指标的隶属度值。

（6）综合评价

汇总各指标隶属度值，运用 5.4.2 节中的具体算法，根据各级指标权重得到最终综合评估结果，隶属度最高的等级即为最终等级。

第6章

深圳市多元化生态保护补偿考核制度研究

6.1 适用范围

深圳市生态保护补偿考核制度在范围上适用于深圳市重要生态功能区生态保护补偿考核，在考核主体与对象上，适用于深圳市政府对各区、各区对社区、社区对原村民的生态保护补偿考核。

6.2 考核目标与原则

6.2.1 考核目标

通过建立深圳市生态保护补偿考核制度，构建重要生态功能区内社区、原村民生态保护补偿收益与生态保护补偿工作落实、生态保护工作成效等绩效考核的量化关联制度体系，促进各区落实生态保护补偿工作，提高社区和原村民生态保护意识与行动力，实现生态环境保护与民生改善的双赢。

6.2.2 考核原则

市对区的生态保护考核以是否实现落实生态保护补偿工作的管理目标、是否实现提高生态环境保护成效及改善民生状况的建设目标为导向；各区对社区的生态保护补偿考核以是否实现落实生态保护补偿工作的管理目标、是否实现提高生态环境保护成效的建设目标为导向；社区对原村民的生态保护补偿考核以原村民实际发生的生态环境行为为导向。考核工作坚持问题导向和结果导向，遵循客观公正、突出重点、奖惩分明、注重实效的原则，对各主体生态保护补偿中的责任和义务的落实进行综合评价。

6.3 考核主体与对象

由于生态保护补偿考核主要考核的是各区政府、社区和原村民生态保护补偿工作落实和生态保护成效，因此保证考核的公正公平非常重要。一般这类考核是由上级政府部门或者上级政府委托第三方机构来进行。考虑到生态保护补偿是生态文明建设的重要部分，研究建议在市对区的生态保护补偿考核中，由市生态文明建设考核领导小组办公室作为考核主体，负责具体实施考核工作，考核对象为各个区政府。在各区对社区的生态保护补偿考核中，由区生态文明建设考核领导小组办公室作为考核主体，负责具体实施考核工作，考核对象为社区。在社区对原村民的生态保护补偿考核中，考核主体为生态保护补偿范围内的社区工作站，考核对象为社区内的原村民。

6.4 考核内容

市对各区的具体考核指标和考核标准见表 6-1，区对社区的具体考核指标和考核标准见表 6-2，社区对原村民的具体考核指标和考核标准见表 6-3。

6.5 考核方法

（1）市对区的考核办法

市对区的生态保护补偿考核由组织落实情况考核、生态管护成效考核及民生改善状况考核三部分构成。

组织落实情况考核主要是指对各社区生态保护补偿考核开展情况，按 10% 的权重计入总分。

生态管护成效考核包含林地面积变化率、城市绿地面积变化率、农用地面积变化率、水域面积变化率、滩涂湿地面积变化率、未利用地面积变化率、保护区内违法开发与整改情况，以及重大环境污染、生态破坏事故发生情况 8 项指标，共按 80% 的权重计入总分。

民生改善状况考核包括原村民失业率和原村民人均收入增长率 2 项指标，按 10% 的权重计入总分。

各区生态保护补偿年度考核总得分=组织落实情况得分+生态管护成效得分+民生改善状况得分。

表 6-1　深圳市生态保护补偿绩效考核表——区政府部分

一级指标	二级指标	权重 /%	指标评价说明	得分标准	指标类别
组织落实情况（10%）	对各社区生态保护补偿考核开展情况	10	是否按要求开展辖区内社区的生态保护补偿考核工作	按要求落实生态保护补偿考核工作的得 100 分，未落实不得分	评分项
生态管护成效（80%）	林地面积变化率	9.7	根据深圳市生态资源测算结果，统计辖区内林地面积变化率	林地面积变化率≥ 100% 的，得 100 分； 林地面积变化率≥ 98% 的，得 80 分； 林地面积变化率≥ 95% 的，得 60 分； 林地面积变化率＜ 95% 的，得 0 分	评分项
	城市绿地面积变化率	9.7	根据深圳市生态资源测算结果，统计辖区内城市绿地面积变化率	城市绿地面积变化率≥ 100% 的，得 100 分； 城市绿地面积变化率≥ 98% 的，得 80 分； 城市绿地面积变化率≥ 95% 的，得 60 分； 城市绿地面积变化率＜ 95% 的，得 0 分	评分项
	农用地面积变化率	9.7	根据深圳市生态资源测算结果，统计辖区内农用地面积变化率	农用地面积变化率≥ 100% 的，得 100 分； 农用地面积变化率≥ 98% 的，得 80 分； 农用地面积变化率≥ 95% 的，得 60 分； 农用地面积变化率＜ 95% 的，得 0 分	评分项
	水域面积变化率	9.7	根据深圳市生态资源测算结果，统计辖区内水域面积变化率	水域面积变化率≥ 100% 的，得 100 分； 水域面积变化率≥ 98% 的，得 80 分； 水域面积变化率≥ 95% 的，得 60 分； 水域面积变化率＜ 95% 的，得 0 分	评分项
	滩涂湿地面积变化率	9.7	根据深圳市生态资源测算结果，统计辖区内滩涂湿地面积变化率	滩涂湿地面积变化率≥ 100% 的，得 100 分； 滩涂湿地面积变化率≥ 98% 的，得 80 分； 滩涂湿地面积变化率≥ 95% 的，得 60 分； 滩涂湿地面积变化率＜ 95% 的，得 0 分	评分项
	未利用地面积变化率	2.9	根据深圳市生态资源测算结果，统计辖区内未利用地面积变化率	未利用地面积变化率≤ 90%，得 100 分； 90% ＜未利用地面积变化率＜ 100%，得分为（100%–面积变化率）× 1000； 未利用地面积变化率≥ 100%，得 0 分	评分项

续表

一级指标	二级指标	权重 /%	指标评价说明	得分标准	指标类别
生态管护成效（80%）	保护区内违法开发与整改情况	11.4	加强基本生态控制线、饮用水水源一级和二级保护区内违法开发监管，对违法行为进行整改。基本生态控制线内违法查处及整改情况由深圳市规划和自然资源局依据《深圳市基本生态控制线管理规定》判定；饮用水水源一级和二级保护区内违法查处及整改情况由街道执法大队依据《深圳经济特区饮用水源保护条例》进行判定	生态保护红线内：无违法开发情况得 30 分；有违法开发情况得 0 分 基本生态控制线内、生态保护红线外：违法开发面积 =0m² 得 20 分；0m² ＜违法开发面积≤ 500m² 并整改得 15 分，未整改得 0 分；500m² ＜违法开发面积≤ 1000m² 并整改得 10 分，未整改得 0 分；违法开发面积＞ 1000m²，不得分 饮用水水源一级保护区：无违法开发情况得 30 分；有违法开发情况不得分 饮用水水源二级保护区：无违法开发情况得 20 分；有违法开发情况不得分	评分项
	重大环境污染、生态破坏事故发生情况	17.2	辖区内是否发生重大环境污染、生态破坏事故	未发生，得 100 分； 发生，得 0 分	评分项
民生改善状况（10%）	原村民失业率	5	涉及生态保护补偿的社区中年度内满足全部就业条件的就业原村民人口中仍未有工作的劳动力比例	原村民失业率≤辖区城镇居民登记失业率，得 100 分； 原村民失业率＞辖区城镇居民登记失业率，得分为辖区城镇居民登记失业率 / 原村民失业率 ×100	评分项
	原村民人均收入增长率	5	生态保护补偿范围内原村民人均收入较上一年的增长情况	原村民人均收入增长率≥辖区城镇居民人均收入增长率，得 100 分； 原村民人均收入增长率＜辖区城镇居民人均收入增长率，得分为原村民人均收入增长率 / 辖区城镇居民人均收入增长率 ×100	评分项

注：数据来源于市生态文明建设考核领导小组办公室

表 6-2　深圳市生态保护补偿绩效考核表——社区部分

一级指标	二级指标	权重 /%	指标评价说明	得分标准	指标类别
组织落实情况（10%）	落实本社区生态环保管护责任人	3	开展社区内生态保护补偿工作，是否有明确的工作负责人	按要求落实生态保护补偿工作责任人的得 100 分，未落实不得分	评分项
	生态保护补偿考核开展情况	5	是否按要求，对原村民开展生态保护补偿考核，考核中是否有徇私舞弊现象	未开展考核或存在徇私舞弊现象，不得分； 按要求开展考核，得 100 分	评分项
	生态文明建设宣传活动	2	社区有无在辖区各村、小区定期组织辖区居民参与生态文明建设宣传活动，有无在社区设置生态文明建设宣传栏	社区在各小区 / 村设置宣传栏得 20 分，未设置宣传栏不得分； 开展生态文明宣传活动 4 次以上，得 80 分； 开展生态文明宣传活动 3 次，得 70 分； 开展生态文明宣传活动 2 次，得 50 分； 开展生态文明宣传活动 1 次，得 40 分； 未开展生态文明宣传活动，不得分	评分项
生态管护成效（90%）	生态资源状况指数（ERI）	10	根据深圳市生态资源测算结果，统计各社区生态资源状况指数	ERI ＜ 35，得 60 分； 35 ≤ ERI ＜ 40，得 70 分； 40 ≤ ERI ＜ 50，得 80 分； 50 ≤ ER ＜ 60，得 90 分； ERI ≥ 60，得 100 分	评分项
	节约用水	10	节约用水核算以社区（小区）去年同期用水数据为基准，当年实际用量与去年用量的差为节约量，节约量与去年用量的比例即为节约比例	节约比例＜ –10%，得 0 分； –10% ≤节约比例＜ 0%，得 60 分； 0% ≤节约比例＜ 3%，得 70 分； 3% ≤节约比例＜ 6%，得 80 分； 6% ≤节约比例＜ 10%，得 90 分； 节约比例≥ 10%，得 100 分	评分项
	节约用电	10	节约用电核算以社区（小区）去年同期用电数据为基准，当年实际用量与去年用量的差为节约量，节约量与去年用量的比例即为节约比例	节约比例＜ –10%，得 0 分； –10% ≤节约比例＜ 0%，得 60 分； 0% ≤节约比例＜ 3%，得 70 分； 3% ≤节约比例＜ 6%，得 80 分； 6% ≤节约比例＜ 10%，得 90 分； 节约比例≥ 10%，得 100 分	评分项

续表

一级指标	二级指标	权重 /%	指标评价说明	得分标准	指标类别
	节约用气	10	节约用气核算以社区（小区）去年同期用气数据为基准，当年实际用量与去年用量的差为节约量，节约量与去年用量的比例即为节约比例	节约比例< –10%，得 0 分； –10% ≤节约比例< 0%，得 60 分； 0% ≤节约比例< 3%，得 70 分； 3% ≤节约比例< 6%，得 80 分； 6% ≤节约比例< 10%，得 90 分； 节约比例≥ 10%，得 100 分	评分项
	垃圾分类达标小区覆盖率	10	推进社区垃圾分类建设，实施生活垃圾强制分类，完善分类投放、收集、运输、处理体系，建成生活垃圾分类达标小区。根据垃圾分类达标小区覆盖率判定，垃圾分类达标小区覆盖率 = 垃圾分类达标小区数量 / 社区小区总数量	此项得分以垃圾分类达标小区覆盖率计算结果为最终分数	评分项
生态管护成效（90%）	保护区内违法开发与整改情况	20	加强生态保护红线、基本生态控制线、饮用水水源一级和二级保护区内违法开发监管，对违法行为进行整改。基本生态控制线内违法查处及整改情况由深圳市规划和自然资源局依据《深圳市基本生态控制线管理规定》判定；饮用水水源一级和二级保护区内违法查处及整改情况由街道执法大队依据《深圳经济特区饮用水源保护条例》进行判定	生态保护红线内：无违法开发情况得 30 分；有违法开发情况得 0 分 基本生态控制线内、生态保护红线外：违法开发面积 =0m^2 得 20 分；0m^2 <违法开发面积≤ 500m^2 并整改得 15 分，未整改得 0 分；500m^2 <违法开发面积≤ 1000m^2 并整改得 10 分，未整改得 0 分；违法开发面积> 1000m^2，不得分 饮用水水源一级保护区：无违法开发情况得 30 分；有违法开发情况不得分 饮用水水源二级保护区：无违法开发情况得 20 分；有违法开发情况不得分	评分项
	重大环境污染、生态破坏事故发生情况	20	社区辖区内发生突发性生态环境破坏事件时，社区需按要求配合街道及区主管单位采取应急措施	未发生重大环境污染、生态破坏事故得 100 分；发生突发性生态环境破坏事件时，社区组织居民配合街道及区相关部门要求采取应急措施的得 50 分；发生突发性生态环境破坏事件没有及时组织居民配合街道及区相关部门要求采取应急措施的，不得分	评分项

注：数据来源于各区生态文明建设考核领导小组办公室

表 6-3　深圳市生态保护补偿绩效考核表——原村民部分

一级指标	二级指标	权重 /%	指标评价说明	得分标准	指标类别
生态环境保护行为（18%）	配合社区开展有关生态环境管护工作	4	原村民参与社区组织的义务或非义务的生态管护工作	每参与 1 次社区义务生态管护工作，加 25 分，4 次及以上加 100 分； 每参与社区非义务生态管护工作 1 个月加 10 分，参与 10 个月及以上加 100 分； 两项均有参与，累积加分，最高分 100 分	控制加分项
	对破坏自然资源和生态环境的违法行为进行举报	4	原村民发现本社区内对自然资源和生态环境的违法破坏行为应进行举报	原村民每发现一次违法行为并进行举报，确定属实的加 50 分，总得分上限为 100 分	控制加分项
	主动对保护区内建筑物进行改造转型或清退复绿	10	原村民主动对保护区内自身产权的房屋进行改造转型或清退复绿应予以鼓励	主动进行改造转型或清退复绿， 面积≤ $100m^2$ 加 60 分； $100m^2$ <面积≤ $200m^2$ 加 80 分； 面积> $200m^2$ 加 100 分	控制加分项
生态环境破坏行为（−100%）	毁林	100	原村民对生态保护区内以毁林形式进行生态环境破坏的，视情节轻重予以惩罚	毁林面积 $0.5m^2$ 或者幼树不足 20 株的，扣 20 分；毁林面积 $0.5m^2$ 以上 $2m^2$ 以下或者幼树 20 株以上 50 株以下的，扣 50 分；毁林面积 $2m^2$ 以上或者幼树 50 株以上的，扣 100 分	扣分项
	违法抢建抢种	100	原村民在土地征收（用）公告发布后，仍改变土地现状搭建违法建筑或开展农业种植的，予以惩罚	发现此类现象的，扣 100 分	扣分项
	不配合政府依法征地所涉及的搬迁、拆迁、土地整备及附着物征收等工作	100	原村民在政府开展依法征地所涉及的搬迁、拆迁、土地整备及附着物征收等工作中，强加阻挠，扰乱社区稳定的，予以惩罚	发现此类现象的，扣 100 分	扣分项
	偷排、漏排、超标排放污染物造成环境影响	100	原村民在保护区内偷排、漏排、超标排放污染物造成环境影响的，予以惩罚	发现此类现象的，扣 100 分	扣分项

注：扣减上限为−100%，超过−100% 按−100% 计入总分；数据来源于各个社区工作站

（2）区对社区的考核办法

区对社区的生态保护补偿考核由组织落实情况考核及生态管护成效考核两部分构成。

组织落实情况考核包含落实本社区生态环保管护责任人、生态保护补偿考核开展情况、生态文明建设宣传活动 3 项指标，共按 10% 的权重计入总分。

生态管护成效考核包含生态资源状况指数、节约用水、节约用气、节约用电、垃圾分类达标小区覆盖率、保护区内违法开发与整改情况，以及重大环境污染、生态破坏事故发生情况 7 项指标，共按 90% 的权重计入总分。

社区生态保护补偿年度考核总得分=组织落实情况得分+生态管护成效得分。

（3）社区对原村民的考核办法

社区对原村民的生态保护补偿考核由生态环境保护行为考核和生态环境破坏行为考核两部分构成。

生态环境保护行为考核包含配合社区开展有关生态环境管护工作、对破坏自然资源和生态环境的违法行为进行举报、主动对保护区内建筑物进行改造转型或清退复绿 3 项指标。

生态环境破坏行为包含毁林，违法抢建抢种，不配合政府依法征地所涉及的搬迁、拆迁、土地整备及附着物征收等工作，偷排、漏排、超标排放污染物造成环境影响 4 项指标。

在对原村民的考核中，得分基数为 100 分，生态环境保护行为考核中的指标为控制加分项，全部指标加分之和上限为 18%。生态环境破坏行为为扣分项，扣减上限为–100%。

原村民生态保护补偿年度考核总得分=100+生态环境保护行为得分–生态环境破坏行为扣分。

6.6　考核结果运用

1. 区政府考核结果运用

市政府将生态保护补偿考核作为专项指标列入全市生态文明建设考核工作，作为领导干部绩效考核和选拔任用的重要依据之一。

2. 社区考核结果运用

重要生态功能区内社区考核依据考核分数进行排名。对于排名前五的社区给予优秀社区荣誉奖励，并给予资金奖励，社区可将获取的奖励金用于社区工作站建设或生态文明建设。

3. 原村民考核结果运用

重要生态功能区内原村民生态保护补偿资金及社会福利的发放与考核结果进行挂钩。依据第 4 章中关于共享型生态保护补偿资金的分配公式，与考核结果挂钩的生态保护补偿资金分配如下：

$$\text{原村民年度补偿资金} = \left(\frac{\text{信托基金分配当年补偿总资金}}{\text{生态保护补偿总人数}} \times 30\% \right) \times \text{考核得分}$$

与考核结果挂钩的社会福利发放形式如下。

（1）医疗补助

对于参与缴纳城镇居民基本医疗保险的原村民，在原有参保缴费补助的基础上，根据考核加减分分数分级，给予不同比例的增加或减少，补助金额直接发放至社保账户。

（2）养老补助

对于参与缴纳城镇居民基本养老保险的原村民，在原有参保缴费补助的基础上，根据考核加减分分数分级，给予不同比例的增加或减少，补助金额直接发放至社保账户。

（3）子女教育

联合市教育局探索将原村民生态保护补偿考核结果与原村民子女优质教育资源挂钩的可能性，根据考核结果得分分级，研究对应上学积分加分的可行性。

第 7 章

深圳市多元化生态保护补偿实施保障机制

7.1 建立生态保护补偿组织机构

加强政府在保障建设中的领导作用，根据全市生态地位的重要性和建立生态保护补偿机制的紧迫性，建议由深圳市主导开展辖区生态保护补偿工作，深圳市财政局在资金、技术支持等各方面都给予支持。由生态文明建设考核领导小组办公室，具体负责实施生态保护补偿考核工作，由信托基金管理委员会研究解决生态保护补偿机制建设中的重大问题，加强对各项任务的统筹推进和落实督办。同时落实信托基金管理委员会的组建，建立管理章程，对于不同利益主体之间的行为进行详尽的约定，严格信托基金运行过程中收益的分配及使用。

7.2 完善生态保护补偿规章制度

形成固定的长效补偿机制的核心在于将补偿政策和补偿手段制度化、法制化，用制度规范行为。

在全市层面，深圳市要发挥立法优势，加快出台全市层面生态保护补偿政策法规，明确深圳市生态保护补偿的基本原则、主要领域、补偿范围、补偿对象、资金来源、补偿标准、相关利益主体的权利义务、考核评估方法、责任追究等。通过法律制度明确以政府间的横向和纵向转移支付为手段，开展区域之间的生态保护补偿，建立区级政府间的生态转移支付基金，实现政府财力和公共服务均等化，并同步建立以企业为实施主体，基于市场机制的激励性生态保护补偿政策，作为排污费、资源费类制度的外延，构建政府、市场、居民三方的生态保护补偿制度。

在区层面，要紧密结合当前生态环境保护、土地整备的最新政策，建立标准化、制度化的运行模式，便于在全市层面推广，进一步完善全市层面的生态空间保护。

7.3 建立健全资金保障机制

（1）加强资金使用监管

为加强对生态保护补偿资金使用管理监督，避免管理混乱、奖励资金被滥用等情况，建议信托基金管理委员会对补偿资金实行严格的“专户、专账、专人”管理，保证补偿资金专款专用，建立健全生态保护补偿资金使用管理制度；加强对信托基金的考核，建立定期考核制度，并在每季度末对财务报表进行审核。同时建议，在生态保护补偿基金建立初期，政府应当充分发挥宏观调控作用，引导生态保护补偿市场制度、运作机制及分配方式的建立，加强对信托基金监管机制的研究；在生态保护补偿基金的发展阶段，政府应当强化监管作用，强化生态保护补偿资金日常监管，切实加强生态保护补偿资金的使用和管理，加大对生态保护补偿资金的监管和审计力度。

（2）研究生态保护补偿的空间配置

确定科学合理可行的生态保护补偿标准与优化选择生态保护补偿区域是提高补偿效益的关键。我国的生态保护补偿资金来源以中央财政纵向转移支付为主，该资金的分配未考虑各区域提供的生态服务差异及实施生态保护的成本不同，采用一刀切的方式，导致补偿资金不足与资金利用效率低下。因此，要优化选择补偿区域，可根据各区域提供的生态系统服务价值与社会经济发展水平确定补偿的优先级，优先补偿破坏风险较大的区域与经济发展水平低的区域，补偿时综合考虑生态保护者的受偿意愿、支付方的支付意愿及生态保护投入成本与机会成本，最后通过协商博弈确定生态保护补偿标准，在有限的资金限制下发挥最大的效益。

（3）开展生态保护补偿资金财政绩效评估

建立生态保护补偿资金财政绩效评估体系，对生态保护补偿资金的使用效能及投入效率、产出效率、目标完成效率等资金使用效率，以及经济效益、生态效益和社会效益等资金使用效果进行评估，根据评估发现的问题及时调整优化资金的使用模式，提升生态保护补偿资金的使用效率，保障生态保护补偿机制的长效性。

7.4　引导相关利益者参与

（1）引导社区参与生态保护补偿政策制定

社区原村民作为生态保护补偿最大的利益相关者，是保护区真正的主人，他们应该对有关生态保护区资源的维护和利用等事项的决策拥有发言权，这是他们的权利也是他们的责任。为此，我们要摆脱传统的“行政主导”的管理体制，使社区原村民在生态保护补偿制度的建设中成为主体。首先，政府有关生态保护与开发的一系列决策都应体现“以人为本”的理念，在政策制定之前应广泛征询社区原村民的意见，制定过程中可以吸收社区原村民代表参与重大项目的讨论；然后，在政策实施前政府应在社区原村民中进行大力宣传，让社区原村民知道相关政策的具体内容，以及对居民生活、生产诸方面的影响等，争取获得群众的支持，减少实施中的阻力；最后，在实施过程中，定期组织一些座谈或会议，倾听原村民对资源利用与保护的一些看法和要求，及时反馈给保护区管理部门，并根据这些意见或建议及时调整某些措施或做法。

（2）探索社区参与生态管护与补偿工作

探索社区参与生态保护补偿工作的模式，让公众成为补偿的责任主体。社区的生态管护工作可以以购买服务的方式，调动当地原村民共同参与林地、湿地、城市绿地的管护工作，在树立良好的环境意识和道德观念，自觉参与环境保护的各项工作的同时，解决政府无法全面、深入考察和监督个体生态保护行为的难题，也有利于充分发挥生态保护补偿金的杠杆作用。除此之外，还可以通过培训具有基本监管业务能力的原村民代表，承担补偿实施过程及补偿成效的监管职责，促进社区力量在生态保护补偿实施全过程中的参与，有效引导原村民间、社区间形成相互监督、相互激励的生态保护社区环境，同时还为当地创造出生态保护工作岗位，帮助村民实现从资源开发者向生态保护者转型。

7.5　加强宣传教育工作

原村民是生态环境保护的主要参与主体，他们对生态保护补偿的满意程度和参与的积极性，影响着生态保护补偿政策实施的效果。饮用水水源保护区、基本生态控制线、生态保护红线的设立，除了保证饮水安全、生态资源面积不减少，还有诸如保育土壤资源、涵养水源、废物净化、提供娱乐休闲旅游空间、维护生物多样性等功能，但在实际中，原村民对于重要生态功能区生态环境功能的认知局限性较强，这会限制原村民对生态功能区环境保护意识的提高，亟待加强对此方面的宣传教育。因此，要想正确处理经济发展与生态环境保护之间的关系，就要把推进生态保护补偿政策实施与提高保护区原村民对保护生态环境重要性的认知和参与意识结合起来，加大生态环境保护宣传教育，提高公众对生态保护补偿的认知和参与度。充分发挥各类新闻媒体的导向作用，利用报刊、广播、电视、网络、宣传栏等媒体，采取多种形式加大政策宣传和培训力度，讲政策、抓贯彻、促落实，使每一项生态保护补偿政策家喻户晓，广泛向生态保护区内原村民宣传生态保护补偿工作的目的和意义，提高原村民对生态保护补偿工作的认识，激发广大群众参与生态保护补偿工作的热情。各社区可充分利用各种宣传栏，广泛宣传生态保护补偿工作的有关知识和先进典型，扩大社会影响，营造良好的生态保护补偿工作舆论氛围。

参考文献

蔡邦成, 温林泉, 陆根法. 2005. 生态补偿机制建立的理论思考. 生态经济, (1): 47-50.
陈海生, 金海华, 黄志强, 等. 2013. 台州市长潭水库生态补偿项目与资金分配研究. 安徽农学通报, 19(21): 60, 72.
陈海生, 沈玉芳. 2014. 浙江省长潭水库集雨区生态补偿的实现途径探索. 上海农业科技, 1: 32, 40.
陈煦江. 2009. 企业社会责任成本研究. 北京: 经济科学出版社.
陈兆开, 施国庆, 毛春梅, 等. 2007. 西部流域源头生态补偿问题研究. 软科学, (6): 90-93.
冯媛. 2018. 基于生态系统服务价值的山东省耕地生态补偿标准量化研究. 青岛: 青岛科技大学.
巩芳, 韩青. 2019. 草原生态补偿标准对牧民收入的影响研究: 以锡林郭勒盟为例. 资源与产业, 21(5): 44-51.
顾明哲. 2018. 耕地生态补偿政策绩效评价与仿真研究. 杭州: 浙江财经大学.
广东省财政厅. 2019. 广东省生态保护区财政补偿转移支付办法.
广东省人民政府. 2012. 广东省生态保护补偿办法.
广东省人民政府. 2016. 关于健全生态保护补偿机制的实施意见.
广东省委办公厅, 广东省政府办公厅. 2018. 关于划定并严守生态保护红线的实施方案.
国家发展改革委. 2020. 生态保护补偿条例 (公开征求意见稿).
国家环境保护总局. 2007. 关于开展生态补偿试点工作的指导意见.
国务院办公厅. 2016. 关于健全生态保护补偿机制的意见.
郝春旭, 赵艺柯, 何玥, 等. 2019 基于利益相关者的赤水河流域市场化生态补偿机制设计. 生态经济, 35(2): 168-173.
胡淑恒. 2015. 区域生态补偿机制研究. 合肥: 合肥工业大学.
胡伟龙. 2017. 基于国家综合治理框架下主体功能区生态补偿问题研究. 行政事业资产与财务, (34): 41.
胡小飞. 2015. 生态文明视野下区域生态补偿机制研究. 南昌: 南昌大学.
胡旭珺, 周翟尤佳, 张惠远, 等. 2018. 国际生态补偿实践经验及对我国的启示. 环境保护, 46(2): 76-79.
胡振通, 柳荻, 靳乐山. 2016. 草原生态补偿: 生态绩效、收入影响和政策满意度. 中国人口·资源与环境, 26(1): 165-176.
孔德飞, 虞温妮, 谢小燕, 等. 2012. 自然保护区和森林公园生态补偿机制的探讨——以温州红双自然保护区为例. 温州大学学报 (自然科学版), 33(4): 26-31.

孔德帅. 2017/ 区域生态补偿研究——以贵州省为例. 北京: 中国农业大学.
昆明市人民政府. 2011. 昆明市松华坝、云龙水源保护区扶持补助办法.
李芬, 朱夫静, 翟永洪, 等. 2017. 基于生态保护成本的三江源区生态补偿资金估算. 环境科学研究, 30(1): 91-100.
李森, 丁宏伟, 何佳, 等. 2015. 昆明市清水海水源保护区生态补偿机制探讨. 环境保护科学, 41(3): 126-131.
李文华, 刘某承. 2010. 关于中国生态补偿机制建设的几点思考. 资源科学, 32(5): 791-796.
李雯倩. 2014. 骆马湖饮用水源地生态补偿居民支付意愿研究. 南京: 南京大学.
李晓光, 苗鸿, 郑华, 等. 2009. 生态补偿标准确定的主要方法及其应用. 生态学报, 29(8): 4431-4440.
刘桂环, 谢婧, 文一惠, 等. 2016. 关于推进流域上下游横向生态保护补偿机制的思考. 环境保护, 44(13): 34-37.
刘俊鑫, 王奇. 2017. 基于生态服务供给成本的三江源区生态补偿标准核算方法研究. 环境科学研究, 30(1): 82-90.
刘丽. 2010. 我国国家生态补偿机制研究. 青岛: 青岛大学.
刘某承, 孙雪萍, 林惠凤, 等. 2015. 基于生态系统服务消费的京承生态补偿基金构建方式. 资源科学, 37(8): 1536-1542.
刘倩. 2010. 新疆限制开发区域生态补偿研究. 石河子: 石河子大学.
刘兴元, 姚文杰, 刘宥延. 2017. 西北牧区草地生态补偿绩效评价的逻辑框架研究. 生态经济, 33(1): 133-137.
卢祖国, 陈雪梅. 2008. 经济学视角下的流域生态补偿机理. 深圳大学学报 (人文社会科学版), 25(6): 69-73.
马国勇, 陈红. 2014. 基于利益相关者理论的生态补偿机制研究. 生态经济, 30(4): 33-36, 49.
马骏, 夏正仪. 2020. 长江流域重点生态功能区生态补偿研究: 基于演化博弈的博弈策略及因素分析. 资源与产业, 22(3): 20-30.
孟根陶乐. 2018. 重点生态功能区生态补偿机制研究. 成都: 西南交通大学.
潘华, 徐星. 2016. 生态补偿投融资市场化机制研究综述. 昆明理工大学学报 (社会科学版), 16(1): 6.
秦艳红, 康慕谊. 2007. 国内外生态补偿现状及其完善措施. 自然资源学报, (4): 557-567.
萨缪尔森, 诺德豪斯. 2014. 经济学. 北京: 商务印书馆.
深圳市罗湖区人民政府. 2014. 深圳水库核心区 (大望、梧桐山社区) 生态保护补偿办法 (试行).
深圳市人居环境委员会. 2019. 深圳经济特区饮用水源保护条例 (2018 年 12 月 27 日修正). (2019-01-25) [2020-08-20]. http://meeb.sz.gov.cn/xxgk/zcfg/zcfg/szhbfggz/content/post_2024383.html.

深圳市人民政府. 2005. 深圳市基本生态控制线管理规定. (2005-10-17) [2016-02-14]. http://www.sz.gov.cn/zfgb/2005/gb461/content/post_4950100.html.
深圳市人民政府. 2007. 关于大鹏半岛保护与开发综合补偿办法.
沈菊琴, 杨钰妍, 高鑫, 等. 2019. 治理修复视角下的水源地生态补偿利益均衡分析. 资源与产业, 21(4): 28-35.
斯蒂格利茨, 罗森加德. 2005. 公共部门经济学. 北京: 中国人民大学出版社.
谭秋成. 2009. 关于生态补偿标准和机制. 中国人口·资源与环境, 19(6): 1-6.
王爱敏. 2016. 水源地保护区生态补偿制度研究. 泰安: 山东农业大学.
王芳芳. 2011. 京津冀生态补偿机制研究. 石家庄: 河北省第四届环境权益保护论坛.
王慧杰. 2015. 基于 AHP-模糊综合评价法的流域生态补偿政策评估研究. 北京: 中国环境科学研究院.
王金南, 万军, 张惠远. 2006. 关于我国生态补偿机制与政策的几点认识. 环境保护, (19): 24-28.
吴丹, 王卫城. 2011. 高度城市化地区生态规划的空间管制与权利救济——深圳市基本生态控制线的规划管理实践为例. 南京: 转型与重构——2011 中国城市规划年会.
吴萍, 栗明. 2010. 社区参与生态补偿探析. 江西社会科学, 10: 172-175.
吴越. 2014. 国外生态补偿的理论与实践——发达国家实施重点生态功能区生态补偿的经验及启示. 环境保护, 42(12): 21-24.
伍婷婷, 梅晶, 陈丽. 2017. 饮用水源保护区生态补偿机制研究. 资源节约与环保, 6: 50, 52.
武靖州. 2018. 国外生态补偿基金的实践与启示——基于政府与市场主导模式的比较. 生态经济, 34(10): 195-201.
谢高地, 张彩霞, 张雷明, 等. 2015. 基于单位面积价值当量因子的生态系统服务价值化方法改进. 自然资源学报, 30(8): 1243-1254.
徐鹏. 2018. 多视角下的生态补偿效果分析. 资源节约与环保, (11): 28-29.
徐星. 2016. 我国生态补偿项目资产证券化融资模式研究. 昆明: 昆明理工大学.
姚文杰. 2015. 甘南牧区草地生态补偿绩效评价. 兰州: 兰州大学.
俞海, 任勇. 2008. 中国生态补偿: 概念、问题类型与政策路径选择. 中国软科学, (6): 7-15.
赵博. 2011. 政府补偿性生态环境治理探讨. 武汉: “政治体制改革与政府能力建设” 理论研讨会暨湖北省行政管理学会 2011 年会.
郑海霞, 张陆彪. 2006. 流域生态服务补偿定量标准研究. 环境保护, (1): 42-46.
郑季良, 孙极. 2017. 城市水源保护区生态补偿效应后评估——基于昆明市的调查分析. 未来与发展, 41(12): 27-34.
中共中央办公厅, 国务院办公厅. 2017. 关于划定并严守生态保护红线的若干意见.
中共中央办公厅, 国务院办公厅. 2021. 关于建立健全生态产品价值实现机制的意见.
朱春潇. 2018. 黄前水库水源地生态补偿研究. 泰安: 山东农业大学.

朱丹. 2016. “整体性治理”: 国外生态补偿政策的执行经验与启示. 生态经济, 32(11): 175-177.

朱建华, 张惠远, 郝海广, 等. 2018. 市场化流域生态补偿机制探索——以贵州省赤水河为例. 环境保护, 46(24): 26-31.

Costanza R, d’Arge R, de Groot R S, et al. 1997. The value of the world’s ecosystem services and natural capital. Nature, 387: 253-260.

后　　记

感谢深圳市环境科学研究院的各位领导和同事对本书的顺利出版所做出的努力。感谢科技部国家重点研发项目（2016YFC0503500）、环境保护部环境经济核算（绿色 GDP2.0）项目的大力支持，感谢深圳市生态环境局、深圳市生态环境局宝安管理局、深圳市生态环境局大鹏管理局对生态保护补偿科研项目的经费资助。感谢 2019 年 3 月 1 日在深圳召开的“生态保护补偿研究”咨询会上提出宝贵意见和建议的专家，感谢科学出版社各位编辑为本书的编辑出版付出的艰辛劳动和所做的杰出工作。由于作者能力有限，书中难免存在不足之处，衷心期待读者的批评指正。

编　者

2022 年 5 月